不懂年輕人 你怎麼 帶團隊

戴愫 著

給他身份 CHAPTER 1
提升自我內驅力

給他權力 CHAPTER 2
優化行為塑造力

目錄
CONTENTS

給他舞臺　CHAPTER 3
激發頭腦創造力

給他支持　CHAPTER 4
鞏固團隊凝聚力

「拼刺刀」的時候，不分年齡

《得到》首席執行長 脫不花

2014 年我和羅振宇、快刀青衣一起創業的時候，我們吹了個牛：哎呀，我們要做一家小而美的公司，人員就控制在三十個人以內，開年會的話，一個飯店大包廂就能坐下，平時都不用開會，在辦公室裡喊一嗓子就統合了思想，大家都是朋友，多好。

事實是：立 flag（定一個目標），必打臉。得到公司的員工數目眼睜著就增長到 500 了。

朋友問我：現在你每天上班，是啥感受？我就三個字：「拼刺刀」。每天都在迎接新的挑戰，而且必須成功，失敗了就沒有機會進行下一次挑戰了。

也常有人問：在《得到》這麼時髦的公司裡，員工一定都很年輕吧？還真不是。我們的員工平均年齡是 29 歲，這個年齡肯定比好多互聯網公司的員工都要大一些。我們

之中既有 1998 年出生的年輕的技術天才，也有 1968 年出生的資深的總編室編審，這兩人差著 30 歲呢，是名副其實的兩代人。不過，在日常工作中，我還真是從來沒意識到這個年齡差的存在。

因為，「拼刺刀」的時候，指揮員肯定只關心刺刀見紅沒有、101 高地拿下了沒有，哪會在乎戰士的年齡呢？他難道會對戰士說「你太年輕了，所以不准你衝鋒」嗎？

為了打仗，挑選戰士的時候必然是「地無分南北，人無論老幼」啊！

可是，為啥到了職場上，就會有那麼多管理者隨隨便便地貼標籤，說出「這屆年輕人太難帶了」這種話呢？

戴愫老師的這本書，出版得可真是——太晚了。關於「90 後」難帶、「00 後」必定不好管等「偽命題」的討論，居然已經持續了這麼多年，這太荒誕了。我認為，作為一位對職場問題研究如此深入的專家，戴愫老師「難辭其咎」。

戴愫老師是在《得到》App 上非常受歡迎的老師，

她的課程有一個突出的特點就是不廢話，直接給出解決辦法。聽完她的課，每個人都可以直接上手實踐，改善自己的管理方式。我有幸提前讀了她的這本書，非常欣喜地看到，戴老師把她「認認真真解決問題、實實在在傳遞方法」的風格充分地體現在了這本書裡，這不僅是一本管理類圖書，更是一張結合了心理學、組織行為學和管理學的管理者作戰地圖。手握這本書，管理者可以深度理解時下所面對的管理挑戰，腳踏實地地解決自己帶隊伍的難題。

對於管理工作而言，我們的研究對象只有一個，那就是人性，從這個層面上來說，一代人和另一代人，沒什麼差別。但是，每一代人，都有屬於自己的時代機遇和歷史使命，從這個層面上來說，一代人和另一代人，是不一樣的，而且，是一代更比一代強的那種「不一樣」。

誠摯地推薦每一位管理者都來讀戴愫老師的這本書，「與年輕人混，樂趣無窮」。

　　什麼「90後」，扯淡！又開始虛張聲勢地貼標籤了，煩不煩？

　　再說了，Youth is not a time of life，but a state of mind. 年輕不取決於年齡，而取決於心智。站在你面前的兩個「90後」年輕人，可能天差地遠，不能因為他們出生在同一個十年，就被愚蠢地認定具有同樣的特性。

　　我是「80後」，在歷史上的某個時期，對「80後小皇帝」的批判鋪天蓋地，我憤憤不平。小皇帝？我媽是小學語文老師，我的家教那可是極其嚴格。

　　如果我們把單個的人作為研究物件，這事兒很難，因為個體之間差異太大。比如，和我共事的「70後」大姐，比我更喜歡冒險，而我比她更有責任心；和我接觸的某個「90後」年輕人，在認知水準和心智上完全超出了我的預期，真正是英雄出少年。所以，我們不研究個體差異，個體差異是隨機的、偶發的。

　　但是當我們把「90後」作為一個群體來研究，很快就會發現他們的某些行為模式有高度重合性，並且表現出

和「70 後」「80 後」截然不同的文化性格。如果某種行為模式在某個群體中高頻率地出現，那麼這種行為模式是可以研究的，同時也是我們需要知道的。

不管我們有沒有準備好，「90 後」已成為職場主力。從現在開始，他們步入 30 歲，我們真的瞭解這個群體嗎？

「90 後」眼中的世界和「70 後」「80 後」眼中的世界肯定不一樣。日新月異的科技、飛速發展的經濟、回歸個人權利的家庭養育方式、好萊塢英雄主義文化，這四大要素在持續塑造著「90 後」觀察這個世界的視角。

從 1990 年至今，美國的人均 GDP 增長 150% 左右，而中國呢，2600% 多。這種變化用「翻天覆地」形容也不誇張。從沒電話，到人手一部智慧手機；從塵土飛揚的窄路，到寬闊的高架橋；從吭哧吭哧的綠皮火車，到領先世界的子彈列車。中國年輕人每五年就自我劃分出一代人。「90 後」「95 後」「00 後」，他們的話語體系都不一樣。中國的一個代際差異，相當於西方三個代際差異了。用戴三才[1]（Zak Dychtwald）的話來說：「全世界都存在代

溝 ，由於社會的快速變遷，中國人在文化方面的代溝比較大。」

「90後」是最難被定義的一代，因為他們是最多元化的一代。為「90後」人群描繪集體輪廓我一直很猶豫，社會上缺乏反映年輕人狀態的文學作品或影視作品。馬伯庸說：「中國年輕人變化太快，中國基本上兩年一變。」速度快到沒辦法孕育出一個反映時代風貌的作品。

雖然為「90後」人群集體輪廓描繪很難，但是可以歸納出新生代（「90後」世代）四大堅固的意識形態堡壘：

1· 不主動。

他們在電子時代中成長，電子產品自帶與人互動的功能，於是這一代人期待所有事物自帶互動功能，「這個東西不和我互動，它就壞掉了」。

中國從「80後」開始實行獨生子女政策，「90後」

1　戴三才：哥倫比亞大學畢業，是《年輕的中國：不安分的一代將如何改變中國和世界》一書的作者。

的家庭從傳統的大家族徹底變成現代的小家庭，他們不需要和兄弟姐妹談判──誰可以分得那塊更大的巧克力。在職場上，當他們和同事有分歧時，他們不善於溝通，不想爭辯，不在乎會不會被人理解。他們是不主動的一代，於是「顯得」頹，「顯得」喪。

2‧ 不滿足。

在職場上，他們同情地看著叔叔阿姨：「你們只知道辛苦地爬職業階梯。」

在學校裡，他們看著老師：「知名大學畢業又能怎樣，你不也只是個教書匠嗎？」

在家裡，他們對著退休後還在鬧離婚的父母：「你們的人生啊，就是一齣悲劇。」

他們被稱作 want generation。Want：既指慾望，也指匱乏。Generation：一代。他們是中國現代史上第一代可以真正權衡「我要什麼」的人，而且他們想要的東西很多。

資訊時代賦予他們「知曉一切」的本領，互聯網還賦

予他們「執行夢想」的技能。比如，想學插花，或想去潛水，心中的念頭幾分鐘就可以實現。發達的網路和大量的資訊，讓他們「無所不能」。草根逆襲的故事滿天飛，不可思議的帶貨網紅的成功，讓他們心潮澎湃。

在這個日益扁平化的世界裡，中國年輕人能夠在信息量上和世界任何一個地方的年輕人趨於同步，而中國年輕人的氣魄比他們高出好幾個級別。他們的口號不是改變世界，但他們可能在這個過程中，不知不覺就把世界改變了。

3 · 不服從。

作為在鼓勵「挑戰權威」的文化中長大的一代，他們親眼看到問題沒有唯一正確的解法。之前被認為是正確的東西被不斷推翻、重建。沒有人是絕對的權威，他們從小自己做決定，他們的答案來自互聯網。

4 · 不將就。

從富足的生活條件中成長起來的他們，透著自信和從容，實在讓我豔羨。他們對生活、對工作都不將就。

　　他們尋求層次更為豐富的體驗。正如《圈層效應》[1]中指出的：他們去飯館，希望能在小紅書、大眾點評上看見這家網紅店。在吃飯的時候，要有高檔的拍照環境和驚豔的菜品，這樣方便「打卡」、曬朋友圈。

　　在職場上，他們不僅要獲得工作的體驗，還要獲得玩樂的體驗和交友的體驗。很重要的一點是你能不能給他提供超出工作本身的滿足感。

　　不主動＋不滿足＋不服從＋不將就＝潛力無窮！

　　有意思的是，人們都在研究「90後」，但是很少有人研究「60後」「70後」，唉，「老年人」都是被忽視的一代，不過也無可厚非，年輕人代表著未來嘛。年輕人總是頭也不回地奔往未來。當爺爺奶奶都開始玩微信時，他們切換到 QQ；當叔叔阿姨已經看不懂他們的網路語言

1　《圈層效應》，作者湯瑪斯　‧科洛波洛斯，哈佛大學客座教授，研究「95後」的消費方式；丹‧克爾德森，美國資訊架構公司總裁。

時，他們發明更多的自己的語言，非常自豪的強化這道牆；當我們在追逐和研究他們時，他們已經頭也不回地跳到了代溝的另一邊，不帶著我們一起玩。

當無法一切照舊時，就不得不做出改變了。當工作高績效的「80 後」匆匆走上管理崗位時，他們發現：舊的管理方式和進入職場的新鮮人群之間存在巨大的矛盾。

如果這個矛盾解決不了，這些生動的、有力量的年輕人的所有潛力都將被白白埋沒。在這個集易變性、不確定性、複雜性和模糊性於一體的時代，讓一家企業敢不顧一切向前衝的動力和保障，都來自「人」。我接觸的國際化的企業，如 OPPO、VIVO、滴滴、中國東方航空集團有限公司、中國廣核河集團有限公司等，到了海外，最迫切組建的也是人才隊伍。

到了非改不可的時候了。今天的管理模式從金字塔型走向平台型，從官僚制走向扁平化，從以流程為核心走向以任務為核心。

在這個改變的過程中，我們會遇到一些疑惑：

自由指的是什麼？到底給多少自由？除了彈性時間、穿破洞牛仔褲上班、開放的辦公空間、免費飲料，我們還可以給哪些自由？

管理者是不是應該降低身段，變身為協調者、後勤服務者、資訊同步者？

遊戲化管理是否過度迎合年輕人？

如何讓青年儘快適應職場？如何應對他們想要的工作狀態和實際的工作狀態之間的巨大反差？

年輕員工的自信到底來自管理者的正面激勵，還是來自真正的優秀？

…………

在撰寫這本書的時候，我訪談了超過 100 位來自不同類型企業的管理者。不管是和「90 後」，還是和「70 後」「80 後」聊天，我的訪談核心都是收集有效的管理方法。管理學的核心就是用工具來解決現實問題。所以，本書的每一章解決一類大問題，每一節解決一個具體的問題，同時向大家介紹使用某種工具時要避開的陷阱。

建立新的管理介面並非一蹴而就。這本書中介紹的工具的使用效果取決於具體使用它的那位管理者的素養，或者那時那刻的環境。無法一招吃遍天下。同時，做好準備淘汰過去那些已經不起作用的老方法。根據約瑟夫‧熊彼特（Joseph Schumpeter）的創造性破壞理論，使用這些管理方法時，會對舊體系造成一定程度的破壞。

　　怎麼辦呢？在不確定的時代裡，「人性」是確定的，讓我們用「人性化管理」的確定性，去應對一切的不確定。我們對「90後」充滿信心，我們相信一代更比一代強！

給他

CHAPTER 1

　　年輕人不願意「996」(上午 9 點上班、晚上 9 點下班、工作 6 天)，他不全力以赴，也不主動離職；他對一份工作感到厭倦的週期越來越短；他排斥重複性的、支持性的工作；他感覺自己被角色化、工具化。「我是誰？」這是每個人初入職場時的自問。他可不要做龐大機器中的齒輪，他要做一個全職自我雇用者。他不想被「擁有」，而願意被「使用」。他不對組織忠誠，卻對行業忠誠。帶著年輕人來一次自我發現之旅吧。唯有改變他的身份，才會產生真正的動力。

身份

提升自我內驅力

讓他「做組織承諾」out 了，
我們該「彼此做職業承諾」

> 新的契約模式，是在預見到雇傭關係變幻無常的基礎上，尋求建立信任、投資關係的方法，但與此前牢固的忠誠鏈結不同的是，此時雙方都在尋求「聯盟」中的共同利益。
>
> ——雷德・霍夫曼（Reid Hoffman）
> 領英（LinkedIn）聯合創始人

一位「80 後」企業高管感慨：「現在上司越來越難當。過去我們進入公司，那是一腔熱忱。現在的年輕人，都是走一步看一步。」

一位「90 後」剛從面試辦公室出來，就決定放棄這家公司：「他們在反覆地發出信號——你準備好為我「996」了嗎？太可怕了。」

一位剛離職的「90 後」抱怨：「我感覺自己像個奴僕，隨時為上司效力。」

你可能已經發現，整個社會在從嚴格的官僚制度向流動的去

中心化發展，不僅終身雇佣制的企業幾近消失，員工和同一家公司綁在一起的時間也越來越短。加入公司的誓詞不是婚禮誓詞。哪怕是工作了十年的老員工，也不要高估他的組織忠誠度。在一家公司裡度過一個人的整個職業生涯，這已經成為童話。

企業也越來越趨向靈活用工。人才沒有辦法像池水一樣被儲存，企業開始構建人才河流，利用人才流動的根本動機，影響人才流動的方向。我們已經進入自由職業經濟、零工經濟時代。

⦿「擁有」已經逐漸消退，「使用」正在興起

凱文·凱利在《必然》這本書裡記錄了一些很有意思的現象：優步作為打造了知名打車軟體的科技公司，卻不擁有任何計程車輛；阿里巴巴作為很有價值的零售公司，卻沒有任何庫存；愛彼迎 Airbnb 作為知名的短租住宿供應商，卻並不擁有任何房產。為了寫這本書，我需要查閱大量的書籍資料，在《得到》、《kindle》、《掌閱》上，我不需要購買大量書籍，我只需要用會員資格來借閱。

終身雇佣制的企業幾近消失，還在努力建立「家」文化的企業異常艱難。公司對人力資源的佔有不再像以前那樣重要，而對人才的使用則比以往更加重要。

你使用他，他也使用你，這樣才能保持健康的、靈活的雙向

選擇。

⊙ 在聯盟關係中互相「使用」

年輕人從學校畢業，被「連根拔起」，他和新環境建立關係時，需要明晰的身份感來指引航向。你把招致麾下的年輕人當成「雇員」「下屬」？不，他不是工具或資源，他要的身份是「盟友」。你和他是自願、互惠的「盟友」。你們彼此成就自己的職業發展，你們都持續進化。

這是一種有時間期限的聯盟，公司和他簽訂合同有期限。華為承諾：只要是在承諾期內，哪怕降薪也儘量不裁員。《華為基本法》第 70 條這樣寫：「公司在經濟不景氣時期，以及事業成長暫時受挫階段，或根據事業發展需要，啟用自動降薪制度，避免過度裁員與人才流失，確保公司渡過難關。」這是盟友關係在華為的制度中的體現。

同時，這也是一種沒有時間期限的聯盟，你們是這個行業裡永遠的盟友。

於是，措辭變了，迪士尼稱自己的員工為「演員（cast member）」，騰訊將自己的員工叫作「內部客戶」，星巴克認為「沒有員工，只有合夥人」，海爾內部把「企業付薪」叫作「用戶付薪」。

　　情感變了。麥當勞在中國有一個全國招聘日，就是 5 月 20 日。做事情的方式變了，家長制的遠古遺風慢慢絕跡，比如差遣下屬去買便當、買咖啡等。《得到》公司的首席執行官脫不花，看見下屬給羅振宇倒茶，很不高興地制止：「你有更重要的事，羅振宇自己有手。」有公司開始逆向評估，瞭解員工對主管的評價，並納入主管的獎金體系。更重要的改變在於他解決問題的思路，規劃未來的視野。盟友的身份讓他成為一個負責任的成年人，一個工作自主、自我提升和自我激勵的成年人。中通的董事長賴梅松提出「中通不是一個人的中通，是所有人的中通」。員工以合作夥伴的身份加入，賴梅松幫助員工從就業走向創業，同建共用的理念。30 萬人的企業，辛苦低端的行業，員工照樣幹得熱火朝天。在 2018 年第三季度，中通的市場包裹量最大，中通也是第一家在紐交所上市的中國快遞公司。有了身份，就有了尊嚴，有了歸宿。這是騰飛的跳板。

⊙ 在「使用」中為彼此增值

　　在新的聯盟關係中，你們不求無條件的忠誠，但求彼此為對方增值，讓彼此持續地高度匹配。這樣，哪怕有一天他主動離職或被迫離職，也只是因為不匹配了，不是失敗，不需要有負疚感或罪惡感。

在和他共事過程中，你要持續地和他溝通這三個問題：

第一個問題：你這段時間收穫了什麼？

貝恩公司的前任首席執行官湯姆‧蒂爾尼（Tom Tierney）說：「我們將會令你在人才市場上更搶手。」甚至有管理者在年終的時候，對優秀員工說：「你從我們團隊出去的話，在就業市場上的議價能力明顯提高了。恭喜你，我要給你加薪，加到市場上的最高水準。」

在你提供的不斷提升的進階之路上，他和優秀的人共事，不斷調整自己的職業發展計畫，為自己的職業生涯負責。就像寶潔內部流行的那句話：「沒有人比你自己更關心你的職業發展。」

第二個問題：你發現什麼機遇了？

透過這個問題，你在鼓勵他向上管理，引導他從「聽話的執行角色」，轉變為「聰明的自主人才」。

與此同時，你也不是控制訊息的獨裁者，而是分享資訊、促成合作的協調者。

比如，他知道企業的戰略嗎？企業的戰略就是公司的行事邏輯。有的企業戰略一直在變，有的企業靠大家領悟，從公司「做什麼，不做什麼」中去悟，有的企業把它寫在牆上，有的企業把它寫在年報裡。你應當將戰略掛在嘴邊，讓它成為你做決定的風向標，讓大家都知道。

當公司的戰略是追求規模化優勢，人力資源部專員的視野就

不僅限於「將人才招聘區域定制化」，而是「將全國招聘流程標準化」。

當公司的戰略是建立品牌形象，市場部專員就不會建議「降低產品價格，加大促銷」，而會建議「提高產品價格，把與競品的差異擴大到客戶可體驗的範圍」。

當公司的戰略是迅速用新品佔領市場，研發部門專員就不會再花大精力「擴大研發團隊、加強培訓」，而會考慮「將應用研發外包」。

第三個問題：我怎樣幫你更成功？

從「別人給」，到「自己要」。

有管理者對每一位新入職的員工都會說這段話：「在這段職業生涯中，你的任務是發現自己的長處和弱點。告訴我怎樣可以最好地發揮你的長處，怎樣可以提供資源幫你彌補弱點。這是一次理想結合現實的嘗試。」

具體來說，你可以提供的是：從小到大的挑戰、配送的技能包、高密度的人才隊伍，總之，這是一個「透明度」高的工作環境——團隊合作方式透明，上下級彙報關係透明，培訓資料透明，公司內部的各類報告、方案透明，有透明的平台讓他尋找常見問題的答案。《清醒：如何用價值觀創造價值》（*Conscious Business:How to Build Value Through Values*）的作者弗雷德・考夫曼（Fred Kofman）建議，上司應該經常這樣發問：「有沒有

我需要或不需要做的事，能讓你們感到和我一起工作更簡單？」

這樣一來，員工不是和管理者博弈，而是和自己的能力博弈。這三個問題始終將他的需求置於你的需求之前，圍繞的是「組織成就個人」的價值觀，也就是個人主義的價值觀。

現在很多企業，還保留著集體主義的文化，但招來的年輕人都是個人主義者，這是當今職場上突出的矛盾。如果想使整體優於部分之和，合作文化優於強者文化，首先企業需要尊重年輕員工的個人主義價值觀，這樣，團隊才能達成同頻合作，團隊所做出的成就將超越個體做出的成就。

你一次次和他探討這三個問題，會慢慢出現累積優勢，這個累積優勢就是他對你的信賴。哪怕另一家公司有顛覆性優勢——比如薪資更高，員工也不會輕易跳槽。你在用最簡單、最便宜、最巧妙的方式，提升大家對組織的忠誠度。

他不是龐大機器中的齒輪，而是一個全職自我雇用者。秉持這個信念、心理契約，哪怕他離開了本公司，也會成為一個代言人，感激公司，為公司背書。

⊙ 分別時，創造回流的可能

離職的時候，為優秀員工創造回流的可能，讓公司真正對人才產生虹吸效應。怎樣創造這個可能性呢？有兩種方法。

　　第一種，將固定的雇佣關係變成零工關係。有家公司是這麼做的。有員工離職去開花店，開花店有風險。這位員工擅長文案寫作，原來是公司裡的文案策劃主力。於是上司和他商量，將文案策劃工作部分外包給他，每月兩篇。他不需要來上班。雙贏。

　　第二種，為他留住這個職位。有員工要去香港讀工商管理研究生，需要一年時間，公司大度地為他辦理停薪留職。

　　騰訊有著名的「南極圈」，由離去的「企鵝」，也就是離職員工組成社群。這個社群集合了兩萬多名騰訊離職員工，它聯結著騰訊系創業企業及一線投資機構。大家只要在這個行業裡，就沒有真正地離去。

　　「90後」無須用工作來養家糊口，他們對身份感的意識非常強。只要你給了他「盟友」的身份，彼此做出「職業承諾」，哪怕是 10 人內的小公司，也會讓員工找到很大的職業發展空間。如果身份給錯了，哪怕是一個幾千人的大平台，員工也看不到發展空間，只會覺得自己被角色化、工具化。

我想帶他一起衝，
可他有賽道嗎

> 如果我踢狗一腳，牠就會向前走一步。當我想讓牠再走一步
> 的時候，就必須得再踢牠一腳。
>
> ——弗雷德里克·赫茨伯格 (Frederick Heerzberg) 美國管理理論家

這是飽受弗雷德里克·赫茨伯格詬病的「踢著走」的管理方式，它產生的是行動，而不是動力。

「用我的情懷去感動你」的時代已經過去了。每個上司都在表達意義，你表達意義的聲音如果和別人差不多，就很容易被掩蓋。每家企業都在表達情懷，但是面對「90 後」，情懷牌得省著打。因為你的情懷不見得就是他的情懷，將夢想和目標灌輸給別人，難上加難。

他自己的意義和情懷，比什麼都重要。這是他人生的終極目標，也是他一切行動的能量源。

⊙ 帶他畫出事業金字塔

在和他一對一的交談中，你可以嘗試帶他將自己的事業金字塔明確地畫出來。

第一層是終極目標。

第二層是中期目標。

第三層是短期目標。

首先，你問他：「20 年後，你理想的人生狀態是什麼樣？我們公司沒有在你的藍圖上也沒有關係。」這是一個大膽的提問，很少有主管敢問。也許他不僅想做個助理，他還想做行政總監；也許他不僅想做個會計，他還想成為投行合夥人；也許他不僅想做個程式工程師，他還想開個自己的遊戲設計工作室。當你的視角擴展到他的職業生涯，你把他當「人」對待，你的關注、慈愛、期待，都凝聚在這個問題中。

這就是他事業金字塔的第一層。比如：「我的夢想是讓所有女童獲得教育機會。」

然後請他把今年要在本家公司實現的職業目標寫在金字塔的第三層。比如：「作為公關關係專員，我要完成新產品的稿件30 篇。」

第一層和第三層乍看上去是不契合的，無法對齊。因為它們的時間跨度不一樣，一個是 20 年，一個是今年。

這時，第二層的作用就大了，它在第一層和第三層之間建立了對話的機會。它在「長遠效益」和「此時此刻做的努力」之間建立起聯繫。

怎樣寫出這第二層，可能需要你的幫助，它需要對行業的深入理解、對技能的準確拆解，乃至對未來趨勢的預測。

比如剛剛那個例子，第二層可以寫的一條是：「我目前所處的公關職位，能讓我接觸到大量的優質教育資源。」你看，第一層的終極目標和他今年的日常工作，就這麼恰如其分地連接起來了。

再來看這個例子。這是一位當了父親的員工，他想了想，誠實地把第一層寫成：「將我身上所有的優點傳遞給下一代，讓他們健康成長。」這個終極目標和他今年要在本崗位上實現的具體工作任務似乎也沒有聯繫。仔細思考後他發現，第二層其實可以寫：「精進我的工作技能，高效完成工作，這樣可以增加陪伴孩子的時間。」

又比如，這是一位總經理秘書，她的第一層是「在西藏開個愛彼迎民宿」，而她的第三層肯定和西藏、民宿都沒有直接關係。其實，第二層她可以寫：「在和諧的人際關係中遞交工作，學會和不同階層、不同利益方的對象打交道。」

有些員工可能對於人生的終極目標還沒想清楚，他會在第一層寫：「我還沒想好要幹什麼，但我知道的是，理想的終極狀態

一定是將自己的潛能發揮到極致。」第三層他寫好了今年要完成的工作任務，這些工作是不是和自己的潛能有直接關係，還不明確。那麼第二層可以寫：「目前的工作平台就是最好的學習環境，一邊工作，一邊在學習中發現潛能。」

這個事業金字塔是你和他的鏈結。放在商業領域中，這叫「連接策略」（connected strategy）。「90後」所在的世界，連接互動達到了前所未有的頻率，而且這些連接互動比以往更緊密，更定制化。他在某個時段打開滴滴打車軟體，軟體會猜到他的目的地；他入住酒店時，前檯笑容可掬地說：「歡迎您再次入住，還是上次那個房間，您看可以嗎？」在職場上，他目前所做的一切，要能和他內心深處那個終極目標連接上。一旦連接上了，上司從「我是給你發工資的」轉變成「你向我們貢獻了你最好的年華，我們回饋你最好的成長平台」。

有了這個事業金字塔，你不會等他向你求助，你能預測到他的需求，並提供幫助。當某個機會來臨時，你能猜到他一定在摩拳擦掌，你會分派給他。當你有了某個新資源時，你能判斷出，他是否會珍惜並充分使用。

⊙ 全力支持他的夢想

當年輕人的夢想在本家公司能得到支持的時候，他們甘願獻

出自己的青春。巴西的塞氏企業主席里卡多‧塞姆勒（Ricardo Semler），為了支持員工的夢想，他規定可以用員工工資 10% 的價格，把星期三出售。比如，員工想在週三做副業，或學藝術，他可以用工資的 10% 把這一天買下來自己使用。這家公司被稱作「年輕人最想去的另類公司」。

我發現經常有公司搞錯因果關係，它們不斷地要求員工學會「自我管理」。其實，「自我管理」只是一個結果而已，重點是要挖掘「強烈的內在驅動力」。

為了找到那個真實的強烈的內在驅動力，為了獲得他們心中的真實想法，你可以先說，先給出你的事業金字塔。你誠懇，他自然也會誠懇。同時，你可以讓他們給出三個人生夢想。這樣，他們會給出那個他們認為你喜歡的答案，同時也有可能會給出自己心中真實的答案。

在第一層的夢想下，列出技能清單來。這往往可以成為第二層的內容，你和他的交談重心，也在第二層。比如，他的職業夢想是開個咖啡屋，下面列出的技能包括商業洞察力、管理能力、社交能力等。

這時，管理者與其期待下屬告訴自己，他需要什麼支援，不如主動探尋他的需求。人類不擅長瞭解和訴說自己的需求，尤其是年輕人不好意思開口。管理者更有經驗，能透過解析目標，探知到他最緊迫、最核心的需求。

你可以從三方面給予他協助：

第一，讓他參與能鍛煉這些技能的項目，比如市場調研的專案、管理實習生的專案或代表公司參加各類商會。

第二，為他提供培訓機會，或介紹導師給他認識。

第三，親自提供幫助他成長的好點子，比如推薦信。

在工作中提升技能，工作成果是副產品。用北京大學國家發展研究院 BiMBA 商學院院長陳春花的話說，組織就是「讓原本不能勝任工作的人能夠勝任」。這個金字塔，讓他看到組織的價值，看到組織的力量。組織能夠成就個人。這就是「90 後」更偏愛的個人主義文化。

⊙ 和他的成長保持同頻

我在和某家管理諮詢公司合作時，他們委派了一位跟課助理。這個小姑娘展示出了和別的助理不一樣的素養。她參與協助的環節從未出錯，訂車、訂餐一絲不苟，我上課時她也在非常認真地聽，在午餐時，她還和我探討課程內容。

兩年過去了，她還在同一個職位，但我看出她有些悶悶不樂。又過了兩年，她告訴我馬上要跳槽到另一家公司，我說：「你的老東家馬上要上市了，為什麼要走？」「這家公司和我有什麼關係？我要做的是課程顧問，這家公司沒給我機會。」果然，她到

了新公司後，非常出色，每年創業績幾百萬元。前一家公司給她提供資源、提供平台的速度，沒趕上她自己的成長速度，非常可惜。做到「所供即所需」，是真正成功的管理者。

現代管理學之父彼得‧德魯克（Peter F. Drucker）說：「在動盪的時代裡最大的危險不是變化不定，而是繼續按照昨天的邏輯採取行動。」自上而下地灌雞湯，不如自下而上地捕捉員工心中的夢想，並公開支持這個夢想，他們會變得比你想像的更強大。

做的是基層工作，
卻要新鮮玩法

> 現在最重要的是右腦能力，即藝術創作能力、同理心、發明創造能力及全局思維能力。
>
> ——丹尼爾・平克 (Daniel Pink) 美國趨勢專家

在臺上做商務報告，和客戶成交握手，衣著光鮮出入辦公大樓，這是提前植入他大腦中的工作場景。

一遍又一遍地核對報表，在不肯協調時間的同事之間艱難地協調，回覆那些永遠也回覆不完的郵件，這是他所面對的真實的職場場景。

作為管理者，你每天的工作內容都是新鮮的，你輾轉於不同的會議，對不同的訴求做出回應。而下屬的工作大多是重複、繁瑣的。更糟糕的是，年輕人在招聘面試環節，可能為了拿到這份工作，虛假地展示了對這份工作的興趣，但他的熱情並不如所展示的那樣高。

年輕人都想從事有意思的、有創意的工作，但真實的職場正如彼得·德魯克說的，好創意本身無法「移山」，「只有推土機能移山，創意是用來為推土機指定作業方位的」。放眼望去，大多數人做的是「推土的工作」──繁重、重複的工作。

好，我們到底應該怎樣看待「工作分類」？「高技能高收入 vs 低技能低收入」，這種將工作分類的方式正確嗎？丹尼爾·平克在《驅動力》（*Drive: The Surprising Truth about What Motivates Us*）中將工作分成兩類：

推算型：根據一系列指令，按照某種途徑得到某種結果。完成工作有一個推算法，「做了什麼，一定會獲得什麼結果，於是應該快速重複做」。比如銀行出納、收銀。

探索型：沒有現成的演算法，你必須試驗各種可能性，設計出新的解決方案。比如市場行銷。

純推算型的工作在 20 世紀是有的。在藍領職業中，有生產線上的工人，從早到晚用同樣的力度和角度擰螺絲釘。在白領職業中，有醫院藥房的配藥員、公司的會計員。

但是在 21 世紀，這些重複加工的、規模化的體力和腦力勞動已經逐漸被人工智慧取代，比如生產線上的機器人、ATM 機、配送機器人、會計軟體。經濟學家威廉·諾德豪斯（William Nordhaus）預計，用電腦完成這類工作的成本可以達到人工完成它的成本的 1.7 萬億分之一。

　　所以，我們現在對工作的分類，不再是「低技能低收入 vs 高技能高收入」，而是「推算型 vs 探索型」。

　　剛進入職場的「90 後」，他們是基層員工，從事的職業多數是低技能低收入的工作，但不見得屬於推算型工作。比如銷售、快遞、倉庫保管、餐館服務，這些工作中有部分是重複性的、步驟性的，但還有部分是不確定的。

　　而優秀和平庸的分界線，就出現在這些「不確定性」的部分。

　　優秀的售貨員能讀懂人性，讓對方卸下面具，並滿足他的期待──同理心；

　　優秀的快遞員能優化不同時段的派送路線，這必須考慮到行車安全、停靠方便、包裹大小等──全域思維能力；

　　優秀的餐館服務生要有應變能力和人際交往技巧──同理心；

　　優秀的倉庫保管員要根據本公司所處的階段區分出哪些是該丟棄的垃圾，哪些是該保管的財產──全域思維能力；

　　優秀的秘書能製作出賞心悅目的 PPT──藝術創作能力；

　　優秀的行政助理不僅要眼觀六路、耳聽八方，還能在緊急時刻給出非常規的解決方法──發明創造能力。

　　丹尼爾・平克在《全腦思維》（A Whole New Mind: Why Right-Brainers Will Rule the Future）中指出的右腦的能力，即藝術創作能力、同理心、發明創造能力以及全域思維能力。

作為管理者，你首先要帶著他意識到，他工作中存在「無法用現成演算法完成的，需要試驗各種可能性，找到最佳方案」的領域，而在這些領域，能力是可以不斷提升的。

此外，對於基層員工的工作懈怠，你還可以怎樣做呢？

⊙ 用 S 形成長曲線牽引他

凱文・凱利（Kevin Kelly）在《失控：機器、社會與經濟的新生物學》（Out of Control: The New Biology of Machines, Social Systems, and the Economic World）中概括道：所有成長的東西都擁有一些共同點，其中一點，就是都擁有 S 形的生命週期——緩慢地誕生，迅速地成長，緩慢地衰敗。

站在你面前的這位年輕人，在他的 S 形成長曲線上，他目前處於哪個位置？

很少有人會在迅速成長期對工作感到厭倦。工作懈怠常常發生在曲線低端，或者是曲線頂端。

如果他處在曲線低端，給他提供各種學習資源，幫他提升能力。你讓他擺脫無休止的郵件、會議，讓他有機會學習新技能，不管是參加培訓班，還是讀書，還是參加公司內的分享會。

如果他已經做得很好了，你把他推上新曲線。比如：如果他已經能完成手頭的工作，你可以讓他挑戰一下完成的時長。如果

他縮短時長也能完美完成，你讓他分享經驗。

　　請注意，對於這種學習能力強、成長速度快的員工，如果你沒有把他部署在新的學習曲線上，他可能會帶著積累的知識技能，去競爭對手公司，這是重大的損失。

　　把他推到新的學習曲線上，是有方法的。

　　有一次，我兒子要自己炒飯吃。我說：「爐灶太高，你夠不著。」

　　他過來試了試高度。我又說：「雞蛋殼如果打碎了，不要掉到雞蛋裡去哦。」

　　他看了一眼雞蛋。我接著說：「雞蛋剛倒進去，會有油濺出來。」

　　他放下鍋鏟，跑開了：「我和弟弟玩樂高去了。」

　　我仔細回想剛剛那一幕，我一定有什麼地方做錯了。我所有的話，都是質疑和擔心，很快，他失去了興趣。

　　過了幾天，我舉著新買的生雞翅，走進兒子房間：「瞧，你最愛吃的。要不要自己嘗試做可樂雞翅？」

　　「我不會。」

　　「炒雞蛋你都學會了，這個比炒雞蛋還簡單。」

　　「真的？」

　　「可樂、紅糖、醬油膏，所有原料家裡都有。這裡是我列印好的菜譜。」

他一躍而起。

要讓他挑戰自我，進入新的成長曲線，最重要的是讓他相信自己能做到。務必展示出你對他的信心。當他有信心了，在準備接受挑戰的那一剎那，可能心裡還是打鼓。這時，我們再借勢，提供他需要的工具。

或者，學習那些充滿活力的公司的做法。比如，谷歌公司（Google）讓員工有 20% 的時間做自我挑戰；3M 公司讓員工用上班時間的 15% 去深入探究他們工作中產生的奇思妙想。不僅僅是科技人員，所有員工都享有這個權利。失敗了，沒有關係，用他們的說法是 let's move on。如果成功了，有豐厚的獎勵。眾所周知，谷歌公司用 20% 時間，孕育出了 Gmail、Google Earth、Gmail Labs。

如果你們公司沒有太多資源和平台，適度的鼓勵，也會讓年輕人感激。

當每個成員都在成長曲線的垂直上升段，這就構成學習型組織。用惠特尼・強生 [1]（Whitney Johnson）的比喻：「如果個人不會學習，企業也同樣不會。這就像出水口被堵住的一潭死水——靜止不動，藻類叢生，滿是浮萍。」

1　惠特尼・強生：演說家、創新思想家，被 Thinkers50 列為最具影響力的管理思想家之一。

⊙ 重新定義他的工作價值

這份工作不僅是飯碗。工作對他意味著什麼？工作是他的人生使命嗎？請你為他日常的、繁瑣的、重複的工作賦予新的意義。

比如，強調他工作的獨特性。公司裡的客服人員，他們處在一個很彆扭的部門，這是職業階梯的最末端，而他們的工作品質直接影響公司的口碑和業務。

這時，你可以不斷強調：「整個公司只有你一個人知道怎樣搞定惡意投訴的用戶。」「只有你一個人在鑽研熱線端智慧客服技術，這是行業的發展趨勢，你就是先驅者。」「你對用戶需求的理解準確度是最高的。」這個時代裡的成功，都在被賦予了新的意義之後。比如電影《哪吒》，用傳統故事探討新時代的新問題。陳春花曾反覆強調，員工們不是在養豬，而是「提供一塊好肉」，這裡面蘊含了豐富的意義和責任。滴滴出行和所有合作司機的約定不是提供駕駛服務，而是「提供人們出行在路上的美好」。

星巴克店員不是傳統意義上的高端職位，但是星巴克有辦法讓這些店員找到工作的意義。從能力上，星巴克讓店員成為咖啡行業的專家，給他們提供舞臺，讓他們把咖啡知識傳遞給客戶；從身份上，他們是公司的合夥人；從願景上，星巴克給員工提供

各種培訓，包括上司力培訓，讓他們看到店員這個職位上可以衍生無數可能的未來。

在從事企業諮詢培訓的過程中，我發現很多公司都在花大力氣給員工傳遞新技能和新知識，包括引入課程、開展職業技能競賽、開啟導師制、建立企業大學等。這些都是從外部給員工賦能。

而在做這一切之前，我們應該帶著他向內看，找到他自己內心的能量之源。找到能量之源，他的人生系統才會啟動。這個能量之源，就像鋼鐵人心臟裡的那塊核動力電池。從這個圓形的反應爐中，產生超強能量，讓鋼鐵人一次次踏上英雄之旅。沒有了它，一切清零。

你可以組織一次類似畢馬威公司的 10000 Stories Challenge（一萬個故事挑戰）項目，讓員工寫一個使命型的標題，然後加上清晰的描述，說說自己的工作怎樣和這個使命相連。比如：

「我對抗恐怖主義——畢馬威幫助很多金融機構打擊洗錢行為，阻止恐怖分子和犯罪分子獲得資金。」

畢馬威為了鼓勵員工都來參與，宣佈如果在感恩節前收到一萬條內容，就多放兩天假。結果你猜員工一共發了多少條？ 4.2 萬條，而畢馬威一共只有 2.7 萬人。看來有些人不止發一條。

這麼高的熱情是因為多出來的那兩天假期嗎？我看不是。員工是因為找到了「遠方的使命」和「眼前的一地雞毛」之間的連接而精神抖擻。

　　另外，你可以有意識地讓基層員工瞭解 OST（Objective 目標、Strategy 戰略、Tactic 戰術）。

　　你的一線員工瞭解這些要素嗎？要不你嘗試在走廊或電梯裡問問他們？注意，按順序問，因為這三者有前後順承的關係。如果他們說不出來，那就說明本家公司還沒有打造出鼓舞人心的文化。

　　這裡說的 OST 不是那些標準的、通用的關鍵字，而是真正能將本公司和其他公司區分開來的打法。

　　不要以為基層員工不需要懂得 OST。基層員工對於重複單調的活兒並不是不願意做，而是不知道為什麼要做。他們只被告知，「這些活兒本該被做」，「命令你做」。在資訊透明的公司裡，基層員工是戰術的執行者。他們清晰地知道本公司的目標，發自內心地支援本公司的戰略，自然而然，他們會用最高的品質去執行。

　　而大多數公司的實際情況正如帕蒂·麥考德在《網飛文化手冊》中所說：「具有諷刺意味的是，公司在各種培訓項目上投入巨大，花了大量時間和精力去激勵員工和評估績效，但是卻沒能真正向員工解釋清楚業務是如何開展的。」

　　帕蒂·麥考德經常詢問帶領客服團隊的企業管理者：

　　你認為你的客服代表對公司的業務運作機制瞭解多少？

　　他們知道什麼是當下最緊要的問題嗎？

你認為他們對自己的工作為公司所貢獻的利潤瞭解多少？

他甚至建議，為了讓客服團隊有高敬業度，第一步就是教客服人員閱讀公司的損益表。

以上這些做法，都是在重新定義員工的工作價值。你的員工不再是卓別林電影中生產線上只會擰螺絲的工人。他能看見成品，一個有意義的成品，而且他能將自己的日常工作和成品相連接。

⊙ 重塑他的工作內容

工作內容重塑（Job crafting），指的是從員工角度進行的由下而上的工作內容再設計。

比如，員工可以寫下他喜歡並擅長的工作內容，還可以寫下他不喜歡且不擅長做的工作內容，彼此交換工作任務。

為什麼可以這麼做呢？美國心理學家貝芙麗・波特說：「典型的職業枯竭是，你有工作能力，但喪失了工作動力。」

組織結構枷鎖重重，讓人氣餒。研究領導力和敬業度的馬庫斯・白金漢[1]（Marcus Buckingham）指出：「工作是在團隊中進行的，這些團隊有可能相互重合，動態變化，可能是自發的也可

1　馬庫斯・白金漢：在 ADP 公司的研究機構負責上司「人與績效」研究，並率先帶動最新的全球敬業度研究。他與阿什利・古道爾（Ashley Goodall）合著了《有關工作的九個謊言：自由思考領袖的真實世界指南》。

能是有意設計的，可能長期存在也可能只是暫時搭建。真實的職場本來就一片混亂。」所以，是否啟動了團隊的最高效的模式，取決於是否啟動了個人的最高效模式，每個人是不是每天都在展示自己最好最獨特的一面。

年輕人厭倦一份工作的週期越來越短。他們尤其排斥重複性的、支持性的工作。他們不停地問自己：「我還會繼續做同樣的工作嗎？我還有機會改變嗎？」當他們有機會參與到崗位設計中時，新鮮的工作能發揮腦力，恢復能量。更關鍵的是，員工在重塑工作內容的過程中，使自己的能力有機會遷移，這給組織帶來巨大的收益。

比如，小明在生產部門幹了三年，當他離開這個部門時，已經獲得了現代化生產部門專業人士的基本技能：事無鉅細按規範、流程手冊是聖經、一切在計畫內、按時交付。

現在他到了客戶服務部門，這是一個全新的領域，起初看來，這是一個讓他全然困惑的領域。在每天的工作中，他沒有辦法「交付」客戶的訴求，而且客戶遇到的問題五花八門，訴求千奇百怪，他的工作陷入了不可控。

等等，他在生產部門練就的本領，真的就無法施展？

當然可以，用能力遷移術。這個遷移術可以讓他在新崗位大放異彩。

能力遷移術，就是用一個領域的能力去解決另一個領域的問

題。放在小明的案例裡，就是用在這個部門培養的能力去解決另一個部門的問題。

小明駕輕就熟的思維模型是——流程化，而客戶服務部的專業素養是——讓客戶「覺得被愛」；要讓客戶覺得被愛，需要一位真正的聆聽者；不僅小明要成為聆聽者，關鍵是讓客戶感覺到他在聆聽。

這麼思考下來，小明找到了突破口。他設計出了讓客戶感覺被聆聽的步驟，而且是可循的步驟。他給企業創造了新的價值。

再看一個例子。財務部的小王善於記帳，他想挑戰一下銷售工作。他轉到銷售部，帶走了財務工作賦予他的做記錄的技能，他一次又一次細緻的記錄，讓他和客戶的交往從散落的點變成了連貫的線。他對客戶說出「去年您說公司一年後會啟動」時，客戶很驚訝——這是一位格外有心的銷售。

隨著組織的扁平化，向上的職業階梯越來越短，一個人的職業生涯不再侷限於爬階梯，而是積累不同領域的專業知識、積累不同風格團隊裡的合作經驗，從而提升自己的專業度和職業延展性。

「3個月轉正職、1年加薪、3年提拔為幹部」，對於「80後」，這已經算是很快速的路徑了。對於「90後」，這種靜態沉澱變成動態嘗試，不斷嘗試。你作為管理者，比他更瞭解組織，你知道可能有哪些不同的選擇。當公司盡力為他提供這些選擇時，他

和公司之間形成了互惠，受惠者感激，施惠者也獲得回報。這是讓員工提升敬業度的簡單有效的方法，這比「信任背摔」「盲人方陣」等學習抽象理念的團建要更實用。

另外，你還可以嘗試用任務來分工，而不是用流程來分工，比如，讓招聘專員和培訓專員合作，或讓倉儲物流人員和採購人員合作，去共同完成某項任務。這樣可以拓寬員工的職業偏好，驗證他的職業特長，還能使他對公司有更全面的瞭解。

大多數年輕人做的是基層工作，主管不僅要傳授他們技能，還要幫助他們形成更高一級的視角。他們是數位時代的原住民，他們自己可以透過很多管道學習技能。而上司要幫他們開發右腦的能力，讓他們有全域觀，有前瞻意識，讓他們看到這個行業裡新的可能性，以及他們身上能產生的新的可能性。那麼，哪怕目前處在基層職位，他們仍會煥發出年輕人本就有的蓬勃朝氣。

不貪玩不是「95 後」，
個個想著找樂子

> 我沒有任何理由走到今天，唯一的理由是我比我同齡一代的人更加樂觀，更加會找樂子，更加懂得左手溫暖右手。
>
> ——馬雲

戴著耳機優哉游哉地敲鍵盤。一邊喝著奶茶，一邊擼個貓、解個悶。休息 10 分鐘也要相約玩手遊。

你問：「你們來公司是工作，還是找樂子？」

他們答：「無聊的人生，死也不要。」

答得好！年輕人要找樂子，這讓我深深地羨慕嫉妒。找樂子，是對生活的一種更高境界的審美追求。他們藐視壓力，像頑童一樣自由。

好，那我們一起去找樂子！

妮可·拉紮羅（Nicole Lazzaro）是一位世界知名的遊戲設計師，她將人類能體驗到的樂趣分成四大類。

簡單樂趣：不需動腦費體力，就能身心愉悅的樂趣。比如喝啤酒、玩遊戲。

困難樂趣：征服困難之後，帶來的成就感。從「做不到」，到「做到了」，有淋漓酣暢的爽快。

社交樂趣：和他人溝通、互動帶來的樂趣。呼朋喚友的基因就在人類血液裡。

嚴肅樂趣：做的事情有意義、有價值。

擊掌慶賀一下吧，這四種樂趣公司都能給。

最容易實現的是第一種，簡單樂趣。比如設置咖啡吧、遊戲台、足球桌、午休電影時間、週五炸雞啤酒日、按摩師上門服務等。讓大家在公司裡無須理由就能享受開開心心的時光。而後三種樂趣是更深度的樂趣，它們的實現可以借助遊戲化管理（Gamification Management）。

電子遊戲一直伴隨著「90 後」成長，不管他們自己玩不玩遊戲，他們所處的商業社會早就將遊戲中的回饋、認可、獎勵機制用得爐火純青。作為這個時代的管理者，你需要瞭解遊戲化管理，這是企業管理方式深度變革的必然趨勢。遊戲，會讓員工情不自禁，樂在其中。遊戲化管理，就是利用資料的力量來做管理。換句話說，當你遇到管理難題的時候，試試將自己的身份從管理者變成遊戲設計師，就很可能找到迎刃而解之路。

一說到遊戲，你可能會想到點數（Points）、徽章（Badges）、

排行榜（Leaderboards），它們統稱為 PBL。這確實是遊戲化的三大要素，或者稱作遊戲化的三大標準特徵。PBL 妙就妙在能不動聲色地把懲罰機制變成激勵機制，這是怎樣做到的呢？

首先我們來看點數。你注意到沒？一般只會設置累積點數，而不會設置扣分或扣點。這就巧妙地將管理方法從「被動打分」轉換成「主動積分」。那麼員工不再是服從者，而是參與者。

再來看徽章。積累了一定點數，達到了一定的成就，就能獲得徽章。所以，徽章將成就視覺化了。不僅可以有虛擬徽章，還可以有實物徽章；不僅可以有個人徽章，還可以有團隊徽章。徽章是個提示物，他將逐漸對自己的團隊角色產生認同。

最後，看看排行榜。排行榜提供了一個拉長了的時間軸，讓員工知道自己在整個進程中的宏觀表現。當然，排行榜有弊端。它往往激勵到的是排行榜頂部的最能幹的員工，排在末位的員工不免會氣餒，甚至放棄。為了克服這個弊端，遊戲化管理不能是零和博弈，你需要在不同屬性和維度上做不同的排行榜。比如創意排行榜、勤奮排行榜、簽單排行榜、陌生拜訪排行榜。更棒的是，不同維度的排行榜，結合不同風格的徽章，PBL 就真正激勵到每一個人了。也就是說，你實現了足夠廣的考核衡量。

如果你將這三大要素融入管理中，你就完成了最基本的框架。好，基本框架有了，下一步是為了避免建立一個僅僅套用了遊戲外殼的績效管理系統，你要時刻關注員工的感受。

美國波士頓學院的彼得・格雷（Peter Gray）博士專門研究遊戲對人的終生價值。他指出，判斷一種人類活動是不是遊戲不在於形式，而在於體驗。比如，你陪客戶玩保齡球，仍覺得自己在工作；你深夜準備第二天開會的發言稿，激動亢奮，在腎上腺素的刺激下，你覺得自己在玩遊戲。

在遊戲化領域中，有著名的 MDA 作為檢驗遊戲品質的工具。MDA 是機制（Mechanics）、動態（Dynamics）、美學（Aesthetics）三個單詞的簡寫。一個好的遊戲化設計，不僅要有規則，還要及時給玩家回饋，並提供情感上的享受。

所以下一步，我們來完善遊戲化管理系統，讓員工真正獲得「情不自禁、樂在其中」的體驗。我給一些建議。

第一條：不要把所有工作內容都遊戲化。

當員工的一舉一動、事無鉅細都被納入遊戲化系統中，很容易被他們認為是一種更嚴厲的監視，比如迪士尼引入的電子 PBL 系統，被稱作「電子鞭」，大家不僅不愉悅，還反感。

第二條：PBL 不需要用在員工本就樂在其中的工作上。

員工本來就有極大的熱情和動機去做這項工作，結果遊戲化將他的內部動機轉換成了外部動機，他開始為積累點數而工作，反而得不償失。比如，他愛寫行銷文案，現在你的遊戲機制讓他從做這件事情中獲得的愉悅感變味兒了，不純粹了。

第三條：PBL 適合繁瑣、重複的工作。

　　超市收銀員或電話客服人員的工作容易讓人疲憊、抱怨。當他的低落情緒傳遞到客戶那裡，對公司來說是巨大的無形損失。這時你可以使用 PBL，比如用不同的排行榜為他注入動力，最受顧客歡迎排行榜、最佳微笑排行榜、最有修養排行榜、最善於處理最尖刻投訴排行榜等。

　　第四條：當工作遇到障礙，適合用打怪升級的方式來激將。

　　螞蟻金服的首席戰略官陳龍認為：「玩遊戲，是一種自願嘗試克服種種不必要障礙的過程。當你遇到困難的時候，也許你只需把它設置成遊戲裡的障礙，一切就變得有趣起來。」在打怪過程中，還可以加入能量塊，比如下午茶、冥想、音樂，讓大家補充能量。同時，顯示挑戰進度的儀錶盤或進度條，讓他們有必勝的信念。

　　第五條：保持「有條件獎勵」和「驚喜獎勵」的平衡。

　　「有條件獎勵」指的是達到多少點數，積累了幾個徽章，或排行到了哪裡，便可以期待有獎勵。這是「如果——那麼」型的激勵方式，在短期內有效。但長期來看，它破壞了人的內在動機，使人失去自主權，從而失去對做這件事情本身的興趣，把有意思的工作變成別人分配的任務。這被心理學家馬克・萊珀（Mark Lepper）和大衛・加蘭（David Garland）稱為「獎勵的隱形成本」，甚至被埃爾菲・艾恩[1]（Alfie Kohn）直接稱作「獎勵的懲罰」。

1　埃爾菲・艾恩：1993 年出版《獎勵的懲罰》。

所以，丹尼爾‧平克補充一種「驚喜獎勵」，也就是把「如果──那麼」型的獎勵，變成「既然──那麼」型的獎勵。獎勵是隨機的，他料想不到的，而且是在任務完成以後給的。

「如果──那麼」型的獎勵讓他感覺被暗中控制；「既然──那麼」型的獎勵傳達出去的信號是：你的辛苦我們全看見了，你優秀得超乎了我們的想像。比如，出其不意地帶他吃個海鮮大餐，還有的主管發海鮮自助的餐券，讓他帶家人去享用。有的主管開一瓶香檳。

第六條：量化和非量化評估保持平衡。

很多企業採取量化評估的方式：年底做出某個數量的成績，就可以獲得某個數量的獎金。為此，員工在臨近年底的時候瘋狂工作，甚至在數字上耍小聰明。

在設置 PBL 時，要有意側重非量化評估。非量化評估主要體現在三方面：恢復原狀、預防隱患、追求理想。

恢復原狀：有同事休假，他做了替補，保證工作按時遞交。要獎勵！

預防隱患：他識別出了不安全狀況，並採取措施避免事故；他幫助新員工繞開容易犯錯的地方。要獎勵！

追求理想：他提出了節約成本的方案，他動手裝飾了辦公空間。要獎勵！

當然，這容易引發另一個問題，非量化評估容易引起員工喊

「不公平」的抱怨。比如，年底發獎金，他拿了兩萬，當得知有同事拿了三萬時，他立刻不高興了，所謂不患寡而患不均。這時你的對策是，針對那幾筆高額獎金給出充分的解釋。有的公司在頒獎的時候，附上一小段視頻，記載獲獎者一路的辛勞，讓大家看到獎金獎勵的不僅是結果，還有奮鬥的過程。

第七條，為了創造合作的樂趣，將「贈予」納入體系中。

比如向幫助自己的隊員贈券或積分。每個月每個人獲得 10 張節操幣，每張相當於 25 元人民幣。有意思的是，自己不能使用節操幣，只能贈送同事，而且還要公開原因。更讓人興奮的是，每年評出收到節操幣最多的節操王，年底多發三個月的工資。你看，贈予這個設置，自動消除了公司內「各人自掃門前雪，莫管他人瓦上霜」的現象。

我們知道，敞開門的辦公室不直接帶來上下級之間真誠的關係，KPI 考核不直接開發員工的創造力。真正發揮威力的恰恰是難以被測量和控制的公司文化。這個文化以「為員工創造樂趣」為己任，這個文化吸引他們來到這裡，逐漸成長。會找樂子的員工是好員工，幫員工找樂子的公司是好公司。

怎麼辦，
我招了個佛系青年

> 皈依的本質就是選擇正確的生活方式去強化自己的內心，是一種對自我的約定和誓言。
>
> ——草雉龍瞬 日本佛教僧侶

隨便，都行，可以，好的。這是佛系青年的口頭禪。

安靜認真地完成任務，沒有驚喜，沒有附加值。這是佛系青年的工作習慣。

如果我們自己分析一下，會發現有兩種完全不一樣的佛系。

⊙ 有一類佛系，是要去登奇力馬札羅山的佛系

注意，是真正的奇力馬札羅山，不是那個事業「巔峰」的隱喻。

不用說也知道，他為了登上奇力馬札羅山，披星戴月地鍛煉、事無鉅細地學習、摩拳擦掌地規劃行程。

這類佛系青年的家境殷實，他們不捨得把太多注意力放在工作上。多掙一分錢，就少一分自由。他們拒絕把自己交出去。「如果不需要買房結婚，我可以過得相當舒服。」可不就是，如果放棄發財買房的欲望，現在的年輕人挺容易生存的。

這群佛系青年是 PL 族（對應 1970–1985 年出生的人）的低齡版。PL：Perfect（完美）、Leisure（悠閒）、Low life（慢生活）。

他們在公司裡的特點是，對晉升沒有動力去追求，他們樂於長時間處在同一個崗位上。你相信嗎？蘋果公司也有很多長時間處在同一個崗位、做同樣工作的人。他們不想參與管理，他們喜歡手頭上的工作。蘋果公司給予這類人充分的尊重，賈伯斯在世的時候，經常和這類員工做親切交談。蘋果對於工作 5 年、10 年、15 年、20 年的老員工有一整套獎勵標準。

所以，不需要驅趕他們向上走。美國蘋果公司顧問兼蘋果大學教師金·史考特（Kim Scott）建議，我們在描述這類員工的時候，應該換一個措辭，不用「高潛力」或「低潛力」，而用「平穩的成長軌跡」和「陡峭的成長軌跡」。

我非常贊同！以我自己為例，在剛生了小孩那幾年，我在平穩的成長軌跡上，這是我的自主選擇，因為新的人生角色佔據了我很多精力。在孩子們入學後，我又主動走上了陡峭的成長軌跡，因為孩子們的高額教育經費讓我在事業上鬥志昂揚。人在什麼時期，選擇什麼樣的成長軌跡，這是公司左右不了的。

如果你手下有員工將「按時下班，陪家人去做保養」，或者「按時上班，為了買到那杯網紅奶茶」看得很重要，這不是壞事。你要做的就是尊重他的成長軌跡，按照他的節奏和速度給他派活兒。你不用急於把他拉到快車道上來。

⊙ 還有一類佛系，是無奈地變成了佛系

他們懷著熱忱走出校門，面對人生真正的分水嶺。在學校這個安全網裡，他們一分耕耘一分收穫，一切都可預測。而步入職場，他們來到真實的世界。他們很快就發現，這不是一個平等的世界，跨階層的視窗其實很小。

「我再搏命，也買不起房，再爭也爭不到，我疲倦了，不想去爭了。」

他們沮喪而失意。在決定不再拼搏後，他們並不快樂。

對於這類年輕人，你的責任是給他一個燃燒點，讓他重新煥發活力，讓他的能量開始迴圈，向外輻射。他們會因此而快樂。

你主要做兩件事情。

⊙ 首先，讓他相信，我們這個平台，可以出英雄

你有「組織成就個人」的故事嗎？

攜程的人力資源經理對我說，他經常講這兩個真實的故事。

一名客服專員在工作中發現售票系統不完備，於是提議把供應商名單內嵌到攜程系統中，以便節約反覆確認的成本，為交易留下記錄。公司當即獎勵他 35 萬元人民幣。

一位普通員工建議攜程增加代售火車票的業務，並遞交了詳細的方案，為此他獲得獎金 1500 萬元人民幣，後來成為攜程的副總裁。

難怪攜程一直有鼓勵員工內部創業的傳統。公司發招將令：「只要你有勇有謀，我們會讓你成為英雄。」

⊙ 其次，是讓他相信，他就是英雄

美國西北大學教授丹·麥克亞當斯（Dan McAdams）在研究「人生故事」過程中，如此定義身份：「個體在對過去、現在和未來的選擇性認知的基礎上內化並不斷修正的敘事。」

「我是誰？」他會用過去的經歷回答這個問題，而你可以邀請他用現在和未來的經歷，一起來修正這個答案。

具體怎麼做呢？帶著他來一次自我發現之旅。從事神話研究的頂級學者約瑟夫·坎貝爾（Joseph Campbell）歸納出四個階段。

啟程——進入歷險的領域。

這是旅程的開端，非常關鍵。你們一起謹慎地設定一個目標。這個目標讓他心裡癢癢的，覺得可以實現。一旦他覺得有可能成

功，成功就會成為自我實現的預言。為了讓目標的難度顯得小一點，你可以和他一起回憶一下，過去他曾經完成過的比這個目標更艱難的挑戰，哪怕不是職場上的挑戰也行，比如高考。這麼一對比後，成功的可能性突然變大了。

啟蒙——獲得某種以象徵性方式表達出來的領悟。

在這個階段，用行動清單引導他，讓他感覺自己已經在路上。在做行動清單時，不是從零開始，而是把他之前所做的與這個目標相關的事情都列出來，並且掛上鉤。既然已經在路上了，就順著慣性繼續前行吧。

考驗——陷入險境，與命運搏鬥。

在這個階段，守在他身邊，準備隨時助他一臂之力。你可以用畫畫這種形象的方式，讓他感覺到自己和目標之間的距離在縮短。並且，標注並提醒他那個 X 點。根據「X 點理論」，在全程 42.195 公里的馬拉松比賽中，運動員們跑到 42 公里的時候，大約能看到終點線了，運動員這時會瞬間迸發能量。

歸來——披著勝利的光環回到平常的工作軌道上。

請和他一起慶祝，不要吝嗇你的誇獎：「在我眼裡，你就是英雄。」這時的他，已不再是過去的他。

這是每一位英雄的必經之路。如果你帶著他完整地走過一次，你就等著多米諾骨牌效應吧。

佛系本沒錯。第一類佛系無欲無求、不悲不喜，公司的某些

崗位正需要這樣的人；第二類佛系能量被壓抑，一旦點燃，就是個小宇宙。

年輕團隊像一盤散沙，
如何抓攏它

> 　　組織健康如此簡單、易得，很多上司者很難把它看作獲得有意義的優勢的真正機會。畢竟，它並不需要超凡的智力，只需要超出一般水準的勇氣、堅持和常識。在這個時代，我們認為差別和明顯的改善只能在複雜中找到，受過良好教育的高管很難接受如此簡單、直接的東西。
>
> 　　　　　　　　　　　——派翠克・蘭西奧尼（Patrick Lencioni）
> 　　　　　　　　　　　美國圓桌諮詢公司（The Table Group）總裁

　　你在招聘新員工的時候，有沒有發現這樣的變化：和「70 後」「80 後」以老闆為中心的觀念不同，「90 後」對老闆的關注度遠不如團隊。老闆是個什麼樣的人，他們越來越無所謂了，團隊成員的年齡構成、性別構成，以及團隊氛圍，這些更重要。

　　「老闆厲害不厲害無所謂，只要團隊裡有大神就行，離得近還能求帶飛。」

　　「老闆是不是出手大方無所謂，反正他的錢也不是我的錢，給我按時發工資就行。」

「老闆和我性格合不合無所謂，反正一天也見不了幾次。」

「我愛一家公司，不是因為它的品牌、它的各種福利，而是因為它裡面的人。」

從「80後」開始，中國出現獨生子女人群，而「90後」的年輕人不僅是獨生子女，他們連同齡的表兄妹堂兄妹都少了，同齡人的陪伴對他們的生活很重要。「90後」選擇工作時，也在選擇生活方式。排除睡覺時間，他們和同事相處的時間多過和任何其他人相處的時間，他們自然會看重團隊氛圍。思科系統公司（Cisco Systems）高級副總裁阿什利·古道爾（Ashley Goodall）指出，真正讓員工敬業的是他所處的團隊。

⊙ 你在建設團隊時，是用「經濟人」假設，還是用「社會人」假設？

「經濟人」假設最早由英國經濟學家亞當·史斯密（Adam Smith）提出。他認為人是「實利者」或「唯利者」，他的行為動機根源於經濟誘因，人都要爭取最大的經濟利益，工作是為了取得經濟報酬。

「社會人」假設最早來自美國哈佛大學教授梅奧（G.E.Mayo）主持的霍桑實驗（1924-1932）。梅奧認為，人是有思想、有感情的活生生的「社會人」，金錢和物質能激勵他，

但是起決定作用的不是物質報酬，而是他在工作中發展起來的人際關係。

　　只有承認人是「社會人」，才會認同「組織的情商」比「組織的智商」更重要。也就是說，和諧的團隊文化，比這個團隊所能應用的高科技、戰略更重要。用蘭西奧尼的話來說：「它不是肉和馬鈴薯（主菜）的配菜或調味劑，而是用來盛主菜的盤子。組織健康為戰略、金融、行銷、技術和組織中所發生的一切提供了環境，所以它是決定組織成敗的最重要的因素。它比人才重要，比知識重要，比創新重要。」

　　由此看來，管理者的首要任務是，在團隊成員之間建立積極的社交關係，以產生巨大的心理幸福感。所以允許員工帶寵物上班，或者提供免費茶點的公司，實際上是創造了一個放鬆的社交空間，看似大家在品嚐精緻的糕點，擼貓擼狗，其實在這種不經意間，資訊和情感在做高頻率的交流和共用。

　　這也能解釋為什麼大多數團建是失效的。

　　在那時那刻的團建活動中，大家為了完成遊戲，會暫時拋開成見，積極互動，製造歡樂。但到了第二天上班的時候，原本很礙眼的那位同事，還是一樣的礙眼，你和他的互動情緒並沒有因團建而改變。所以，團建創造的是一種短暫的合作。

　　沒有哪支團隊的組建是迅速而輕鬆的。讓他們合作，有一系列方法。首先，他們得互相瞭解。有句話是「如果你足夠瞭解一

個人，你會愛上他的」。

⊙ 交換個人畫像，熟悉感是建立信任的前提

這是我見過最好的、成本最低的團建替代品。我曾參加過華夏幸福公司的半天討論會，印象極其深刻。這是一個「交換個人畫像」的活動。

大家各自在紙上畫出：

10 年後的我、8 小時以後的我。

然後寫出：我最擅長幫助別人的 3 件事、我最不能容忍的 1 件事。最後他們製作了一面牆，將所有的紙貼出來。注意他們設計這些專案的順序。用前兩個問題打開心結，讓大家慢慢敞開自我。而且用的是畫畫的方式，來啟動感性智慧，之後再進入理性思考。後兩個問題是「3 件擅長的 vs 1 件不能容忍的」，「3：1」的背後更多的是鼓勵彼此自由成長、自我實現，而不是約束彼此、控制彼此。

這種安靜從容的自我展示，比拉到戶外熱鬧地團建更能在成員之間建立長期的、深入的連接。你的團隊有類似的讓大家瞭解彼此的活動嗎？有團隊組織「尋找優勢互補者」的遊戲。在做完蓋洛普優勢測評後，每人寫下自己的前五項優勢，並展示出來，然後尋找到那個和自己的優勢沒有任何重疊的同事，互為搭檔。

最理想的團隊就是，當問題來臨時，由最合適的人來解決這個問題。以上兩個活動就是為這種契合做準備。

有團隊在開會時輪流提交自己喜歡的歌來播放，或準備自己喜歡的食物供大家品嘗。在他解釋為什麼喜歡這首歌或這道食物的時候，大家對他有了具體的認識。

美國衛生與公眾服務部的某個團隊也有類似的活動。他們在每週的例會上，插入「內幕消息」（Inside Scoop）環節。請某一位成員用 5 分鐘時間，結合照片來分享自己的某個故事。有的同事在敘述自己的故事的時候，眼中帶著淚光。在那一瞬間，說故事的人和聽故事的人產生了真正的連接。

有的團隊會組織成員做心理測評，把結果公佈出來；有的團隊要求成員把照片加入電子郵件的簽名欄；有的團隊要求成員每人提交一個最喜愛的餐廳的名字，聚餐時輪流去。馬雲早期經常在家裡組織員工玩一種叫作「四國大戰」的軍棋遊戲，在營造融洽的氣氛的同時，他也會在遊戲中判斷員工的性格。

能否成功建立起熟悉感，這和團隊的人數也有關係。「人多力量大」在超過 20 人以後就不起作用了。不能只想著增加人員就能增加生產力，這是工業化時代的線性思維。更重要的是人員的整合和他們之間的密切交流，這才能產生真正的動力。還有的團隊鼓勵成員公佈個人日程表，某人會在每天 5 點至 6 點去接孩子，或者在下午 1 點至 2 點會去健身，這都是避免工作電話的時

段，所有人都知道。熟悉感是建立信任感的前提。

類似「交換個人畫像」的諸多做法，都是在展示員工完整的自我。瞭解過彼此的經歷、彼此的喜好後，便不會把自己的感受當作全世界的感受，把自己的觀察當作全世界的觀察了。這也應了那句話：「人的價值 = 差異 × 理解。」「90 後」人群極其多元化，差異非常大，如果我和你的差異不能被你或周圍人理解，那麼我的價值為零，但被充分理解後，我們的差異會變得極為有價值。

好，有了熟悉感、建立信任後，我們該怎樣做呢？

按照派翠克·蘭西奧尼[1]對於信任的理解，信任分為兩種：一種是基於能力的信任，大家知道這件事情交給這個人一定能辦好；另一種信任被很多團隊忽略，那就是基於弱點的信任，彼此之間願意坦承錯誤，主動道歉，並原諒他人的錯誤。

⊙ 製作英雄譜，建立基於能力的信任

團隊裡每個人都有強項，關鍵是，你是否將它們展示出來，讓它們受到認可和重視。這時每個人形成了一個權威個體，稱作知識權威。它有別於職位權威。這種知識上的協助比行政命令更

---

[1] 派翠克·蘭西奧尼：美國圓桌諮詢公司（The Table Group）創始人兼總裁，主要作品有《團隊合作的五大障礙》《CEO 的五大誘惑》《示人以真：如何讓生意追著你跑》《別被會議累死》。

有影響力，因為它能直接成就任務。

在未來的工作中，大家會有互相求助、搭檔、合作的默契，整個團隊將享受到多樣化紅利，快速進化。只有當每個人都意識到，在團隊中能實現個人價值最大化，他們才會真正喜歡上工作，付出心智和才幹。

比如，讓有藝術細胞的同事為大家創造一個賞心悅目的辦公空間，讓有攝影技能的同事在重要活動上記錄下同事們的燦爛笑容。

⊙ 15 分鐘分享錯誤法，建立基於弱點的信任

某家創業公司的首席技術官丹·伍茲（Dan Woods）發明了一種 15 分鐘分享錯誤法，它要用到兩隻絨毛玩具：鯨、猴子。首先提名本周的殺人鯨——最卓越的同事，由上一周的殺人鯨來提名。然後，大家提名自己的「哎呀，猴子」，也就是自己在本周的過失。

絨毛玩具能沖淡這個環節的敏感和尷尬。如果大家還是沉默，不好意思開口，怎麼辦呢？金·斯科特在谷歌公司最開始效仿這個方法時，房間內一片寂靜，她機智地在猴子腦袋上放上20 美元，氣氛立刻活躍了。

15 分鐘分享錯誤法，不僅能培養團隊裡坦率的氛圍，還能在

具體工作上讓所有人受益。

臉書（Facebook）有個相似作用的簡單版，當某個同事沒有完成任務時，就在他桌上放一隻可愛的小熊。既給了他壓力，又弱化了懲罰帶來的負面情緒；既做到了絕對坦率，也維護了團隊氛圍。

⊙ 用「綠鬍子效應」對抗人類自私的基因

團隊融合，要求團隊成員有利他的行為。為了大我，可以犧牲小我。但人類是自私的物種，每時每刻都在追求自身利益最大化，那麼怎樣對抗這種自私的基因呢？

英國著名演化生物學家理查・道金斯（Richard Dawkins）指出，如果某個人群具備可識別的特徵，比如長了綠鬍子，他會傾向於靠攏其他長了綠鬍子的人，並和他們合作，爭取資源，一起去對抗長了黑鬍子或者紅鬍子的人。在綠鬍子人群內部，人們會做出利他的行為。這裡的綠鬍子，是一種自我標籤。「綠鬍子效應」自帶凝聚力，能讓人迅速團結，一致對外。

當然，人長不出綠鬍子，但每個團隊都應該有自己的標籤，這個標籤就是「別人沒有，只有我們有」的東西。

團隊的專屬笑話、內部暗語、小傳統、小物件或小遊戲。

比如，華為人都說「我們呼喚雷鋒，但絕不讓雷鋒吃虧」。

比如，騰訊內部笑稱公司是靠公仔把員工留下。騰訊源源不斷地將不同套系、不同尺寸的企鵝公仔，在不同場合以不同理由獎勵給員工。小企鵝們製作精良，大家都恨不得集齊所有款式。

團隊專有的讓人羨慕的待遇。比如，家裡突然發生變故，大家會給予經濟支援；妻子生寶寶，男員工也有產假；給員工子女提供教育津貼；有看望年邁父母的孝順假。借用谷歌公司的做法，員工之間還可以互相贈送假期。

團隊專屬的快樂。有的團隊在內部伺服器上存儲電影，供大家下載觀賞；有的團隊成員一起去學習情景喜劇；有的團隊找到性別互補的公司，做相親會。製造快樂，傳播快樂，從主管開始。羅振宇在群裡發大肚腩的自黑舊照片。

團隊專屬的優秀。比如騰訊的優秀是「速度」，他們流行一個內部故事：馬化騰凌晨 4 點 30 分發郵件，總裁早上上班立刻回覆，副總裁上午 10 點 30 分做了回覆，幾個總經理討論後在中午 12 點將討論結果做了回覆，技術方案在下午 3 點出爐，詳細的開發時間表在晚上 10 點出爐，全程共計 18 個小時。

這就是利用當今時代圈層化的趨勢，打造團隊的共同文化身份，並強化這些身份。

還有一個小訣竅，在和別的團隊 PK 中，我們要經常創造機會，讓本團隊和別的團隊競爭，就像教練把球隊拉出去比賽，團長把士兵們拉出去作戰一樣，騰訊的「賽馬制」、華為的「賽馬

文化」、西貝的「賽場制」，都是將競爭引入各團隊間，既保持了企業的活力，又加強了團隊內部的凝聚力。

這種凝聚力能產生幸福的體驗。就像「90後」買商品，不再拘泥於功能性的訴求，而是看重情感性的訴求一樣，「90後」在職場，關注的是自我實現、精神引領。對於某些「90後」來講，幸福的體驗就是工作的剛性需求。如果你能用團隊文化來滋養他，工作就不是一件消耗能量的事情，而是激發能量、傳遞能量的載體。

CHAPTER 2

　　給他獎金？他似乎對財富並沒有那種近於生理性的飢渴。給他更高的頭銜？他根本不在意官僚制的虛幻名號。他爭的是什麼？在自己的一畝三分地上做主！喜歡「微管理」的「壞老闆」們，是時候讓出權利了。「個人自治」對年輕人有魔法般的吸引力──做什麼、什麼時候做、怎麼做、和誰做。這四方面的自治，哪怕只實現了一個，他也歡呼雀躍。管理者要允許年輕人犯錯，將成長的權利還給他，同時，提高整個系統的抗風險能力。

權力

優化行為塑造力

第 1 節

用「利益」激勵 out 了，
他們要的是「權力」

> 絕對不能告訴他們「應該做什麼」。有能力決定「做什麼」
> 以及「如何去做」，這兩點正是當初他們加入的理由。
>
> ——沃倫・本尼斯（Warren Bennie）[七個天才團隊的故事]
> （Organizing Genius:The Secrets of Creative Collaboration) 作者

代與代之間的抗爭總是體現在：年輕人要把主動權從老一輩手中奪回到自己手中。比如選擇進入哪個行業，單身還是結婚，和誰結婚，要不要孩子。老一輩認為自己更有智慧，將權力交給年輕人實在不放心；但年輕人決不會放棄對權力的追逐，我的生活我做主。

在職場上的「90 後」，沒有經歷過匱乏、封閉的年代，他不再對財富有生理性的饑渴。用利益去激勵他們，早已經過時了。他們要什麼？他們要的就是權力！

於是，有些公司在普通的職位前加上諸如「senior」（高級）、「executive」（執行）這樣的字眼，創造出層級更多的職業階梯，

讓他們一步步登上去，感覺特別有權力。

錯了，他們要的不是官僚制帶來的地位上的權力，他們要的是在自己的一畝三分地上自己做主，他們要「自治」。

在《驅動力》中，作者丹尼爾・平克將「個人自治」概括為以下四個方面：做什麼、什麼時候做、怎樣做、和誰做。

⊙ 做什麼

被動接受任務讓他感到疲勞，主動領取任務讓他充滿活力，效率超高。讓「主動請纓」成為團隊文化，每個人都可以選擇有幹勁的工作。如果是公司自上而下派三個任務給員工，那麼他不會去實現第四個目標。

我曾問過阿斯利康（AstraZeneca）的員工，這家公司哪裡最吸引你。他說：「工作三年後，我們可以申請調至內部其他職位，只要被錄取，不需要原部門上司的同意，就可以直接調動職務。」阿斯利康是一家跨國大公司，有很多海外的專案在平台上公佈，員工如果認為自己可以勝任，並且有興趣，他會在平台上申請，有同事在世界任何地方透過線上面試他。公司因此吸引並留下了最能幹的員工。

「90後」不是最愛玩兒的一群人嗎？你發現了嗎？如果是工作，他們很容易疲憊，如果是玩，他們越玩越有勁。如果是別人

規定要做什麼，是工作；如果是自己規定要做什麼，是玩。神奇的切換，就這麼簡單。

⊙ 什麼時候做

允許他為諸多工作任務自己來排列優先順序。這一點在 IT、研發、人力資源、財務等職能部門比較容易做到，在業務部門則有難度，因為業務部門的工作任務直接服務於企業的戰略，戰略的輕重緩急，直接決定他們的工作任務的輕重緩急。但是，哪怕在業務部門，如果員工能夠為自己的日常工作排序，也很好。

每個人的精力會有波動。你並不知道他的精力高峰出現在哪段時間，你也不知道他什麼時候已經精力枯竭。精力管理這件事情，只能靠他自己。

有一位企業管理者回憶他和下屬的一次互動：「當時我要求他週五把 PPT 做出來，我需要檢查一下，這樣我好下週一向上彙報。結果他告訴我週五要請假，女朋友生病了。我很生氣。後來我想了想，讓他週五做，是為了讓我方便。何不讓他方便一次？於是我答應他，只要周日上午前交給我即可。結果他週六就做出來了，品質很高，不需要我做任何改動。」

⊙ 怎樣做

只要有了 SMART 的衡量標準（Specific 明確、Measurable 可衡量、Attainable 可達成、Relevant 相關的、Time-based 有時限），怎樣達成這個標準，具體怎麼做，可以讓他決定。

有的服務性企業為了保證優質服務，對服務進行了流程化和制度化，比如有的美容店規定髮型師和顧客聊天的時長，有的餐館規定了服務員多長時間給客人換一次熱毛巾，有的火鍋店規定不能讓客人自己撈菜等。當服務流程化、制度化之後，就變味了。因為讓客戶滿意的智慧無法流程化，它需要創造性的解決方案。就像有的公司要求客服人員用標準話術像機器人一樣答話，經常會激怒本就不理性的客戶。後來他們發現，將解決問題的自主權給客服，反而能讓糾纏時間減少，問題迅速降級，並節約服務成本。

用華為的那句著名的話：「讓聽得到炮火的人做決策。」你有沒有給年輕人進行試驗和探索各種可能性的空間？

⊙ 和誰做

組織的發展趨勢是：團隊結構更寬鬆，更具流動性。

小米科技、美的相繼推出合夥人制，讓組織機構越來越扁平。大家不需要固定在自己的崗位範圍，能靈活地和他人組成團隊完

成某個項目。還有不少公司打破了按流程分工的舊例，轉而以任務為單位，比如華為的「鐵三角」小團隊、三人小組。原來是一個客戶經理應對一個客戶，現在變成三人小組——客戶經理、解決方案專家、交付專家，三人熟悉彼此，緊密合作，一起為客戶服務。這比原來的由客戶經理接觸客戶，然後走流程呼叫後方，要省力得多。

　　以上四方面的自治，哪怕就給員工一個方面，他也很滿足了。

⊙ 權力帶來創造力

　　海底撈是出名的大膽授權，每個店長有三萬元人民幣的簽字權，更難得的是，他們的授權給了基層的服務員，如果基層服務員沒有足夠的資源和權力來處理複雜的狀況，他們總是成為默默受氣的一群人，會身心俱疲。在海底撈，每個服務員都有免餐的權力。乍一聽很嚇人，但在授權之下，員工感受到了幸福。

　　海底撈有很多「權力帶來創造力」的例子，《海底撈你學不會》裡記錄了：包丹設計了保護手機的塑膠套，馮伯英發明了豆花架，蔣恩伯發明了方便上菜的萬能架，曾長河發明了小酒精爐，李力安發明了小孩的隔熱碗，陳剛發明了切割豆花的工具，等等。

　　設想這些細節問題如果發生在沒有授權的公司，它們能否得

到順利解決，通常取決於兩個環節：一、員工有沒有機會將末梢的資訊及時上報給上司；二、上司百忙之中有沒有時間來認真考慮怎樣解決。於是，我們看到的經常發生的情況是：員工因為要上報走流程，錯過了解決問題的最好時機；對於不是那麼緊急的問題，上層知道了，但他總是有更緊急、更重要的事情，於是這個問題被擱在了一邊。

而在海底撈，員工有自己解決問題的權力，一有靈感，立刻執行。作者黃鐵鷹的感受是，當一萬個腦袋天天都在想事情的時候，哪有同行能比得過他們。

我還聽過不少「因為員工有權力即時處理而避免危機」的例子。有位銷售人員發現有競爭對手在搶自己的客戶，他立刻給這位客戶送去足夠的存貨，讓他用多少付多少款，沒用完隨時可退回。有位行政秘書發現對方公司負責人是猶太人，她緊急撤回所有印了聖誕標誌的新年禮物，並補上新的精美禮品。

年輕人要的不僅是把頭髮染成綠色，戴耳釘穿破洞牛仔褲，或者帶狗來上班，還有公司相信他，並尊重他，為他創造各種條件，讓他行使他的權力。

彼得・德魯克說：「知識工作者決定自己的工作內容及其結果非常必要，這是因為他們必須自主。工作者應該仔細思考他們的工作規劃，並按照這個規劃執行。我應該關注哪個地方？我負責的事情應該有怎樣的結果？最後期限應該是什麼時候？」所有

成年人都討厭被過度管理、被微管理。尤其是對於高能力、高意願的員工，應該毫不猶豫地授權。他們是最好的員工。也只有靠授權，才能把這些最好的員工留下。

我成了一個
24 小時待命的消防員

> 假如我要寫一本書，我就寫阿里巴巴的 1001 個錯誤。
>
> ——馬雲

　　美國有位女性企業家克莉斯汀‧哈迪德（Kristen Hadeed），她經營的保潔公司雇用的都是千禧一代的學生。她在不同場合講過一個「牧羊人派」的故事。

　　她過去曾是典型的「直升機上司」，大事小事都參與。

　　有一次她上了飛機後，手機振動，是下屬發來的資訊：「牧羊人派，儘快回話！」

　　她心中一驚。「牧羊人派」是一個代碼，暗示出現了可怕的問題。

　　她覺得必須下飛機，馬上！

　　可是來不及了，就連回個電話都來不及了。

　　飛機起飛，她緊張、無奈，抓著嘔吐袋度過整個行程。

飛機降落後，她第一時間打開手機。一條條短信是：

「牧羊人派。」

「現在需要你。」

「一切都好了。」

「我們搞定了！」還加了一個大大的笑臉。

她驚訝地發現，原來下屬並不需要她，根本不需要。他們能自己找到解決問題的辦法。從此以後，她的管理方式發生轉變，不是直接指導員工，而是引導員工獲得自我解決問題的技能，讓他們學會信任自己，為自己驕傲。

事必躬親的上司是失敗的上司。如果你習慣「救火」，「火災」會發生得越來越多。讓他們學會自己「救火」，一來獲得訓練機會，二來成功「滅火」後，他們會獲得自信。

⊙ 允許犯錯，給他成長的權利

有活力的公司會鼓勵員工不斷嘗試、嘗試、再嘗試。每一次已經做過的嘗試，都會被後一次嘗試調整、校正。如果要讓員工真正獲得成長，就應該提供一個他可以安心犯錯的空間。

我曾就讀於美國馬里蘭大學的教育學院，讀的這個專業在全美排名很前面，我的學習壓力很大。作為國際學生，論閱讀速度，我和美國同學根本不在同一個水準上，美國同學一目十行，而我

永遠也看不完每週的閱讀資料，有些資料我根本就理解錯了。導師總是鼓勵我：「我們學院的評價標準是，出了錯沒有關係，只要你這一次比上一次好，你就是優秀的學生。」半年過去了，我終於摸索出了一些學習方法，力求每一次的作業都有新的進步。兩年後畢業時，我的成績是全 A，在校期間我每年都獲得獎學金。我非常感謝學校給了我足夠寬容的成長空間，讓我邁出了舒適圈，一次次超越自己。

在一個人的成長道路上，有些錯誤是一定要犯的，而且越早越好。平安集團的入職週期從 30 到 40 天縮短為 3 到 4 天，為的就是讓年輕人早些在工作實踐中摸爬滾打，獲得快速成長。

犯錯越多，成長得越快。每次新玩具買回來後，我還在那兒看說明書呢，我的兩個兒子就七手八腳地拼裝好了。他們可不是偶然幸運拼好的，也不是憑著聰明勁兒拼好的，他們在我看說明書的時候，已經錯了好幾次了。要成功，還是矽谷的那句話：「Fail fast, fail often.」（快速失敗，經常失敗。）

成功的管理者不怕員工犯錯，並且他會想方設法地提高錯誤回報率。比如，當年輕人犯錯後，你不批評他，而是送他一本《清單革命》（*The Checklist Manifesto: How to Get Things Right*），讓他從此學會用清單來規避重大失誤，這不僅捍衛了他的自尊心，也提高了他的學習能力。

西貝餐廳集團旗下品牌西貝莜面村有紅冰箱工作法。每家店

都有一個大紅冰箱，當日被投訴的菜品都會放進去，下班後員工對著這些菜，用五個步驟覆盤：暴露問題、界定問題、尋找原因、持續改善、員工成長。最後一個步驟最重要——員工成長。所以，西貝蓧面村的政策是：「天大的錯不罰款。」員工就有了心理安全感，心理安全感會帶來歸屬感。

但對錯誤容忍度低的公司，會讓員工受罰，有些員工甚至逐漸被邊緣化。這樣員工可能會得「虛假事實綜合症」——「我知道你要批評我，你總是批評我，所以我只告訴你我認為你想聽到的，我不會自找麻煩。」其實，如果員工說真話，我們更容易看到問題背後的問題。

⊙ 管理者有選擇地救火

管理者是服務者和後勤支持者，他經常處於被呼喚、被需要的狀態。如果每個問題他都上前幫員工解決，時間精力很快會被耗盡。管理者不應該 24 小時待命。

判斷該不該出手幫員工解決問題有一個標準：幫他搞定這件事情的收益，高過不作為而帶來的損耗。如果是低價值的請求，你大可不必出手相助，因為你有更重要的事情需要考慮。

如果上面這個標準不夠清晰，我用美國政治家和社會活動家威廉・科恩（William Cohen）的說法來做補充，只有遇到以下四

種情況，你才出手幫忙：

　　這個問題涉及組織的領導和管理；

　　你擁有解決問題所需要的獨特的專業知識、技能或經驗；

　　情況緊急，而且你解決得了；

　　你的下屬思路卡住了。

　　這些時候，他在溺水，你的幫助是他的救生索。你要身先士卒，毫不猶豫地衝在前面。如果你怕製造麻煩或承擔後果，因而保持低調，沒有作為，那就是徒有虛名了。這四種情況以外的其他時候，就放手吧，埃里克森原則中有一條非常有道理：「人們內在已經擁有成功所需的一切資源。」

⊙ 比「糾錯」更重要的是「追求理想」

　　每次「火災」之後，你都要對他進行輔導。輔導的重心不能僅僅侷限在「補救價值」，而應該把目光放得更長遠。

　　所謂補救價值（ameliorative value），就是解決某個問題，補救某個缺陷，比如商品物流發生意外，或某個操作不合規矩，或漏掉了執行清單上的某一步等。麻省理工學院語言學和哲學系教授指出，這類補救工作帶來的滿足感有限，因為最好的結果不過就是糾正了錯誤，沒有什麼更積極的東西出現。

　　凱斯西儲大學的研究也有同樣的發現。當老師輔導學生時，

如果把輔導重點放在他們未實現的目標或沒解決好的問題上，他們會感到內疚不安。相反，如果把個人夢想和實現夢想的方法作為重點來輔導，則會產生積極情緒，讓被輔導者感受到鼓舞和體貼。他們做的神經影像圖證明了這個觀點。

如下表，補救價值、糾正錯誤的思維，是「恢復原狀」；但是，為了不讓自我認知被過去所禁錮，我們要鼓舞他去「追求夢想」，看到他未來的潛能。

恢復原狀	追求理想
這件事情的失敗讓我發現自己不擅長交際	我怎樣做可以提高交際本領？
他真是厲害，比我強	我可以學習他的哪些方面？
他們把這個公司搞砸了，我決不能步其後塵	我怎樣可以規避他們的失敗？
幾年前我做的這個錯誤決定還在影響我的人生	幾年前我做的這個錯誤決定還有機會校正過來嗎？
走到今天不容易，要珍惜珍惜再珍惜	今天的成功只是熱身，好戲在後頭
我信賴了一個不值得信賴的人，我真是蠢得可以	以後我怎樣做到正確選擇可信賴的夥伴？

⊙ 提高系統抗風險能力

如果你問，如果我不去「救火」，萬一出大事了怎麼辦？

不去「救火」，並不意味著缺席。值得你全程高度關注的事情，是建立一個抗風險能力高的系統，這個系統符合保金斯基三原則：在可控、低成本的情況下，盡可能多地試錯。這個系統一方面給員工留了足夠的空間，去思考新方法，嘗試新方法；另一方面，不會讓個人的失誤毀滅整個團隊。

我給你一些建議。

你可以從小專案、輕任務開始，比如推進一次會議、發起一次活動、搞定一個難纏的客戶。在這些小規模、低風險的事情上你堅決不「救火」。然後一次次加大放手的力度，給員工更大的挑戰、有分量的任務。

每次任務完成以後，留些時間覆盤。就像美國海軍陸戰隊的訓練基地裡，每次訓練後，他們會詳細總結經驗和教訓。

提前找出可能會踩的坑。比如創辦太空探索技術公司（SpaceX）和特斯拉公司的伊隆·馬斯克（Elon Musk）做火箭實驗，他專門列出了 10 項最大的失敗風險。

如果你擔心他責任心或能力不夠，可以給他搭配一個能力很強的同事，並私下囑咐這位同事，要關照好。這樣的囑託，會讓這位能力很強的同事覺得自己深負眾望，也會讓責任心和能力欠

缺的那位同事看到真正的優秀。

將系統的各個節點抖抖鬆，也就是說，階段與階段之間的截止日期之間要留出一些餘裕區間，以防萬一。

讓整個系統的資訊儘量透明，當某次「小火災」就要變成「大火災」時，大家都能看到，能及時相助以止損。

只要能學到知識，犯錯並不是那麼不堪忍受。諸葛亮說：「善敗者不亡。」允許員工犯錯，讓他自己救火，鼓舞他追求理想，提供一個抗風險能力高的系統讓他放心地成長，你做每一件事情的背後，都是在培養人才。年輕人不僅有服務公司的義務，更有成長的權利。

這就是從「資」本主義到「人」本主義，從短期的「要結果」到長期的「培育人」。

一直為他瘋狂打 call，
可他的破壞力實在太大

> 公司崇尚的是嚴格的文化，而不是冷酷無情的文化，這兩點
> 有著天壤之別。
>
> ──吉姆・柯林斯（Jim Collins）管理專家

他居然粗心到把公司內部的郵件誤發給了客戶，撤也撤不回來。

說實話，他不是第一次製造麻煩了。上次是投標書裡少寫個零，硬是害公司丟掉一個好機會。你平日裡一直給他鼓勵，給足了溫暖和表揚，看來不管用啊。那這次是不是該給他點顏色看看了？

持續開放的回饋交流，是管理者的一項日常工作。上司到底應當如何給員工回饋呢？

一方面，職場需要絕對坦率，如果上司每次都說：「做得好」「不錯」，既空洞，也無助於員工的個人成長。記得有一次我作為主講嘉賓在賓士做活動，現場拍了很多照片，後來我發現很多

照片上我的假睫毛是半吊在眼皮上的，一定是膠水鬆落了，現場居然沒有人告訴我，唉！如果你是位男士，在重要的會議上做了發言後，發現自己褲子的拉鍊沒拉，是不是也會鬱悶：「怎麼沒人告訴我？！」員工的工作表現曲線有高有低，當他處於低點時，他需要來自上司誠實的回饋。

另一方面，「90後」又是一個高度敏感、高度自尊的人群，所以，你還要在做到有話實說的同時，不有話直說，也就是，你的話要精心處理過再說。

◉ 回饋萬用公式：FBI

首先向你介紹一個回饋萬用公式 FBI，這是美國一家保潔公司的創始人克莉斯汀・哈迪德推薦的，她的員工全是千禧一代，她的管理方法讓公司走向了成功。

FBI，指的是 Feeling, Behavior, Impact。

Feeling：誠懇地告知對方我的情緒，但不是做情緒化表達。

Behavior：描述對方的行為，注意，不對行為做猜測性的解讀。

Impact：這個行為造成的影響，可以是正面影響，也可以是負面影響。

表揚時用 FBI，能帶出細節，顯得具體真實；批評時用

FBI，子彈射向的那個靶子不是人，而是事件，能弱化衝突。

舉個例子，你正在排隊時，遇見插隊的，你說：「你插什麼插！」不如說：「我覺得不公平欸，我們都是按隊伍走的，您突然插進來，如果都這樣，那大家早就擠成一團了。」

我們開篇的那個事件如果用 FBI 公式，你給出的回饋是：

「我現在很著急，你誤發給他的郵件裡有很多敏感資訊，這可能會讓他重新思考和我們的合作條款。」或者：「我現在很擔心，你最近的失誤行為全都是本可以避免的。這些失誤將你自己和團隊之前的努力付之一炬了。」

接下來，你帶著他一起分析這個錯誤，從錯誤中找教訓。就像醫院每週一次的主治醫師例會，除了討論典型病例，還有一個重要的作用，就是透過學習「錯誤」，提高對「錯誤」的識別能力和防範能力。

不要問：「你為什麼連這樣的低級錯誤也會犯？」

你應該問：「這事兒是怎麼發生的？」

不要問：「你腦袋瓜不想事兒嗎？」

你應該問：「跟我說說你當時怎麼想的？」

從這兒開始，你要用我們介紹的開放式問題線，引導他自己找出不重蹈覆轍的方法。這種以他為中心的談話方式，始終強調他的重要性，保護了他的自尊心。

尤其注意，負面回饋最好由上級給下級。有一家公司，會議

室裡大家討論到一半就失控了。他們鼓勵同僚之間互相給負面回饋。這非常危險，甚至可能造成團隊分裂。哪怕沒有當場失控，當某人收到同僚的負面回饋後，他就會試圖遠離給出這類回饋的同事，從這個社交網路中消失，去尋找新的關係，建立新的社交網。這種竭盡全力抵消負面回饋的現象叫作「購買肯定」（shopping for confirmation）。

同樣，FBI公式可以用在表揚上。比如對待孩子，一句話：「你好棒！」太虛了。你可以說：「我為你驕傲。本來你畫得不順利，換了一個你自己想畫的主題後，你表達得很到位。看來只要是自己心中有想畫的物件，就一定能把它實現在紙上。」

好，批評和表揚的話語我們都學會了，並且知道要當眾表揚，私下批評。那該多批評，還是該多表揚呢？

◉ 正面回饋 負面回饋 =5：3

社交媒體只有點讚，沒有倒讚，這迅速提高了一個人的自戀程度。

有年輕人抱怨：「我在努力推動專案，哪知上司不但不表揚我，還說我速度慢。」他們的期待是，不斷獲得肯定，被一股永遠向上的力量牽引。西方社會把整個千禧一代都稱作參與一代，比賽只要參與了，就能拿到「參與獎」（participation trophy）。

　　所以，建議你把更多的精力放在他的「高光時刻」。用達拉斯獨行俠隊的傳奇教練湯姆‧蘭德里（Tom Landry）的寶典——尋找並創造精彩重播時刻。

　　在為比賽覆盤時，大多數教練的思維是，好好找找失分的原因。而蘭德里認為，錯誤的方式有無數種，但對於一位選手來說，正確的方法是確定不變的。教練的作用就是，幫他找到這個正確的方法，有意識地重複、規律性地強化。所以，他們隊只重播獲勝的比賽。

　　「90後」不靠管，靠慣。不管他們的短處，而慣好他們的長處。盯著他們的短處，他們會在屈辱掙扎中努力做一個合格的員工，而盯著他們的長處，他們會在自由崛起中成為一個優秀的人。

　　所以，管理者設置罰款、降職、降薪，不如設置獎金、英雄榜。哪怕只是小額獎金，也盡可能公開發放，去鼓勵他的小進步。比如主動幫助同事學習使用某個新軟體，當大家看到這樣的小動作也受到了關注，會覺得自己進入關注圈很有希望，「沒準兒明天就是我呢」。

　　羞辱會帶來退縮、放棄。鼓勵會帶來奮發圖強，提供從優秀到卓越的動力。

　　當然，管理者不能只做啦啦隊隊長，負面回饋能給員工提供做出改進的機會。即使我們都認同負面回饋是必要的，但在員工

那裡負面回饋也屬於一種威脅。那麼，要讓負面回饋真正起作用的前提是消除威脅感，也就是你要先提供更深度、更廣泛的正面回饋。「他是愛我的，所以他會批評我。」這就是正面回饋和負面回饋的比值要保持在 5：3 的背後邏輯。

⊙ 把洗牙式回饋變成刷牙式回饋

網路帶來的兩大衝擊：效率、即時。朋友圈中一旦有人爆料，社交網路會提供非常快的回饋。QQ 最新的廣告語是「我想要的，現在就要，因為，我，不耐煩。」

「90 後」崇尚速度。他們創造了小步快跑的時代，在這個時代裡，快速做出一件成品比耗費大量時間做出一件完美的作品更有意義，最好的學習在路上。

於是我們已經看到了一個趨勢，從過去耗時長的自上而下的紙本版考核轉化成現在利用即時回饋的應用軟體進行考核。哪怕你們公司沒有這樣的軟體，加大回饋頻率也一樣奏效。史丹佛醫療中心進行的研究表明，每週進行一次簡單交流的團隊指導，和每個月交流一次的指導相比，員工敬業度平均增加 21%。

有些公司已經取消一年一次的績效評估，因為它不僅耗時耗力，而且有嚴重的滯後性。有員工抱怨：「這個事情都發生半年了，還有必要花半小時談嗎？」有主管抱怨：「因為年度績效評

估和獎金掛鉤，這吸引了他們過度的關注，導致他不願意為了未來而提升技能。」當上司和員工都想利用這個制度謀利時，這個制度就應該被淘汰。

10 年前，通用電氣公司（General Electric Company）放棄了排名系統。最近，他們取消了年度業績評估。他們的首席學習官說：「年度績效評估是在不自在的地方的不自然行為。」

如果你們公司仍在做年度績效評估，那不妨把它看作洗牙。千萬不能因為會洗牙，而放棄刷牙。對組織健康來講，更重要的是刷牙。管理是持之以恆的，不是一年一度的。

當你看見他成功地說服了客戶，或者順利地解決了工作中的問題，或者遞交了一份成熟的報告，你馬上讚賞鼓勵，並帶著他自豪地回顧，這些成績是怎樣取得的。獎勵得越快，激勵效果越好。如果他是年中超出指標完成了任務，不能讓他等到年底才拿到獎金。

健康的上下級關係中，沒有資訊黑洞。根據金·斯科特在《絕對坦率：一種新的管理哲學》中的建議，要讓下屬知道他們的工作效果。假設他為某次會議準備了 PPT，而他又沒有到場，你也要讓他知道大家對於 PPT 的反應。

有些公司設置了一面時時更新的視覺化感謝牆。這面感謝牆上專門展示的是定性的回饋，而不是定量的評估。強制性排名、打分數的方式，會讓員工有戒備心態。羅伯特·博世有限公司

（Bosch）的員工告訴我，他的工作中有 40% 是非量化的部分，而他認為自己成長最多的就來自這部分。

有一位同事在組織 VIP 客戶參觀工廠時，看到大巴司機因為和某個客戶一言不合，鬧罷工。他主動伸出援手，費九牛二虎之力，動用自己的人脈，從離得最近的旅遊公司緊急調派了一輛大巴，化解了這次災難。這個事件在感謝牆上大放異彩。如果放到別家公司，可能上司並不會關注。如果團隊裡發生的大大小小雪中送炭的事件被忽略，如果員工的額外付出變成了隱形奉獻，他們會停止奉獻。

⊙ 個性化的激勵才是真正的激勵

免費的加班餐、豐盛的下午茶點心、辦公區域擺放的乒乓球桌，這些並不是真正的激勵，甚至被稱作廉價的激勵。真正的激勵是，公司尊重員工的個性化需求。比如，需要接孩子的員工，可以提前下班；家人生病的員工，可以休假；難得花時間陪家人的員工，可以在某次出差時帶上家人，或縮短出差時間；喜歡滑雪的員工可以在冬季享有更長的假期等。

有一個管理者發現某個員工疲憊不堪時，不是加大對他的監控，而是按照剛剛介紹的 FBI 公式，和他做了一次坦率的回饋。在談話結束之後，他乾脆讓這位員工休假一周，釋放疲憊，讓多

巴胺水準回升。員工一周後回來，果然恢復了狀態，有了更多的
工作動力和創造力。

　　如果一位女性員工表現出色，公司送上一大束鮮花，會讓她
喜滋滋。如果一位男性員工做出了成績，大家起立為他鼓掌，會
讓他鬥志昂揚。

　　有的員工喜歡聚光燈，喜歡演講，激勵他的方式是讓他在員
工大會上發言；有的員工很低調，對他的激勵是稱他為專家，在
眾說紛紜的時候，給他的說法賦予權威；有的員工通勤時間很長，
對他的激勵是訂專車接送他上下班。有的員工十分重視和上司建
立聯繫，那麼上司一封親筆感謝信或邀請他共進晚餐，就是最好
的激勵；我還聽說有的公司會贈送優秀員工個人漫畫或高端形象
設計服務。

　　或者，有的公司乾脆直接問：「想讓我怎樣獎勵你？」

　　我很認同派翠克・蘭西奧尼提出爛工作的三個跡象：無衡量、
默默無聞、無意義。相應地，在一份讓人期待的工作中，上司會
坦誠地、尊重地、即時地、個性化地給出回饋，對員工做出貢獻
表達感激，為他的工作賦予重要意義，為他的成長提供支援。衡
量領導力的標準之一是，你是否擅長做好關鍵的回饋。用美國人
力資源專家保羅・法爾科內（Paul Falcone）的話來說：「尊重
人性，是迴避阻力最短的路徑。」

油瓶倒了，
他們也不扶

> 打碎他，重塑他，這個事兒不是我來做，讓他的同級來做。
>
> ──騰訊某高管

　　明天就放國慶長假了，物流環節突然出現問題，無法按時到貨。這會影響整個項目的完成。

　　他手頭還有一堆工作沒完成，今天是最後一個工作日，他沒有優先選擇處理這個危機，而是慢悠悠地先去做別的事情，下午才來處理這個危機。

　　結果事情的難度超出了他的處理能力。這個危機導致項目失敗。

　　你很生氣，怎麼油瓶倒了都不會過去扶起來？

　　明星文化、網紅經濟，導致年輕人對自我價值有著不切實際的誇大。在認知偏差的影響下，他們容易眼高手低，高估自己。在上面的故事裡，他可能盲目自信了，以為這個危機可以四兩撥

千斤地給解決。年輕人的盲目自信會產生一種沒有基礎的自大，而這種自大，又可能會助長停滯不前，甚至懶惰。

這毛病得治。怎麼治呢？你是對他進行無情打壓，還是對他做打雞血式的激勵？都不管用。組織管控上的兇悍打法，不符合「90後」的審美。就像魯迅說的那樣，青年有睡著的，玩兒著的，還有醒著的。我們找到那些醒著的青年，請他們把睡著的、玩兒著的青年喚醒。

⊙ 用優秀的同級來喚醒他

用一位騰訊集團高管的話來說：「打碎他，重塑他，這個事兒不是我來做，讓他的同級來做。」

如果你面對的是一個眼高手低的名校畢業生，你要找一個非211院校畢業的優秀同級。他在合作中會看到職場真相：學術成績和職場成就，根本就是兩回事。職場和考場，運行的是兩套不一樣的邏輯。

如果你面對的是一個自恃才高、個性乖張的年輕人，你要找一個同樣有個性，同時能力上無法被取代的同級和他搭檔。用韓寒的話說：「在這個社會裡，囂張的人必定有自己的絕活，因為沒絕活的人，囂張一次基本上就掛掉了。」

當你面對一個只會循規蹈矩，不肯向前邁出半步的年輕人，

你要找到一個用新思路解決老問題的同級，以此揭示職場真相：回答好問題不算好，真正的好是問出好問題。

或者，行業內的高手在哪裡？精通互聯網技術的高手在騰訊、百度，精通金融證券的高手在四大會計師事務所，精通物流的高手在順豐、京東。你可以組織年輕人去那些企業見識見識。

中國廣核集團有限公司的一位管理者分享過這樣的經驗：他團隊裡有個年輕人很聰明，對公司辦公系統裡的一套新軟體一學就會，他立刻給這個年輕人提供一個舞臺，每天固定時段5：30-6：00，讓他集中幫助大家解決系統過渡時期的所有問題，並為此加給他一個榮譽職位。他說：「在團隊裡根本不需要批評，只需要用某些高水準人才的高水準表現，就讓一些人立刻知道了自己與他們之間的差距。」

攜程的人力資源經理告訴我，他最愛用「年輕人在本企業成功」的故事去激勵年輕人。他經常講述的一個故事是，一名普通客服人員，從事的是最繁瑣而痛苦的基層工作。然而他基於對工作的觀察，大膽提議把供應商名單連結內嵌到攜程系統中，以節約來回確認的成本，還可以為交易留下記錄，他因此獲獎金35萬元人民幣。另一個年輕人的故事更為傳奇，他建議攜程增加代售火車票的業務，並遞交了詳細的方案，因此獲獎金1500萬元人民幣，後來成為副總裁。

這就是換一個姿勢「推動」他，找優秀同級來「推動」他。

⊙ 用團隊合作來激勵他

第一種是比賽式合作。

保羅‧法爾科內建議過這種方法：建立季度成就日曆。讓大家用 Excel 表格製作所有人都能讀取的文檔，記錄他們目前進行的工作項目、即將到來的里程碑式節點、專案最後期限、完成的進度。「看看我有多努力」「哇，他很拼的哦，時間還沒過半，就完成近 2/3 了」。上司經常在某個員工的某個里程碑式節點上，來一次公開慶祝。

阿里集團的釘釘 App 裡，有個考勤打卡，全公司都能看見上班最早的前 10 名同事。還有釘釘運動的功能，有個人運動量排名和部門運動量排名。

有的公司發佈英雄帖，召集高手一起解決某個難題。

有的公司辦點子週報，收集工作中想到的好點子，評審並獎勵想出好點子的員工。

每個階段提出每個階段的挑戰，比如「哪些是客戶想要，但是我們還沒有提供的？」「怎樣降低退貨率？」當不同部門、不同職位的個體為完成這些挑戰共同思考時，容易達成團隊協同，因為挑戰本身就是目標。某個階段的目標協同了，成員會紛紛響應。尤其是當解決方案公佈後，有人會請纓。比如，降低退貨率的方法是提高售後人員的處理緊急事件的能力，這時售後部和培

訓部的人可能會主動站出來。當大家都能從全域出發來規劃工作時，合作自然而然就產生了。

第二種是連接式合作。

讓團隊成員一起寫一本書。這本書的內容可以是心路歷程，可以是經驗總結，也可以是部門趣事。出版這本書，雖然公司需要付出一些費用，但這筆投資回報極大。書面文字比口頭交流更深切、真摯。當這本書被員工作為禮物贈予家人朋友時，他們會為此自豪。

沃爾瑪的創始人山姆・沃爾頓（Sam Walton）發明的聯合工作會（joint practice session）被稱作合作作戰利器，被沃爾瑪百貨有限公司（Wal-Mart）、蘋果公司（Apple Inc.）、美國福特汽車公司（Ford Motor Company）廣泛採用。這種會議不是下層向上層的縱向彙報，或上層對下層的縱向部署，而是將各個不同部門的負責人召集起來，解決公司層面上的某一個問題，是橫向交流探討的會議。

有了團隊合作，個人一定會受到督促。這一點我們可以從小額貸款銀行如何幫助窮人的事例上尋找啟發。過去窮人貸款難，因為違約率高，他們生活中經常遭遇突發事件，導致最後還不上款。後來，孟加拉的經濟學家穆罕默德・尤努斯（Muhammad Yunus）創辦了小額貸款銀行，並要求幾個借款人形成一個互助小組，大家互相通報生意進度，互相支援，並共同承擔債務的連

帶責任。在這種熟人帶來的壓力下，借款人的違約率大大降低。

一個有意思的觀察是，如果互助小組是每個月見面，而不是每週見面，違約率就又上升了。

周掌櫃諮詢的合夥人宋欣曾觀察到：「不同於『70後』『80後』經濟擴張期出生人群的社交擴展偏好，『90後』更傾向於在價值觀認同的小圈子充分互動，體現個性趣味。」「小」和「充分」是關鍵字。聯繫緊密的小的合作團隊，能有效督促個人。

如果年輕人已經具備了專業技能和經驗，怎樣讓他不斷精進呢？有些公司在嘗試逆向導師制。

⊙ 逆向導師制讓優秀的年輕人更優秀

用逆向導師制激勵他，讓他有機會把知識分享給「70後」「80後」。這種方式在思科系統公司取得了巨大成功。影響力不是自上而下傳播，而是反向傳播。隨著行業經驗和技術更新速度越來越快，這種反方向的教導傳遞了源源不斷的活力。

逆向導師制和傳統導師制在設置上是一樣的，都是讓導師和學徒一一對接。傳統導師制的受益者是學徒「90後」，而逆向導師制最大的優點是導師「90後」和學徒「70後」「80後」都能從中受益。

思科系統公司的卡洛斯‧多明戈斯認為：「在逆向導師制中，

如果進展順利，那麼無法確認哪一方收穫更大，因為他們得到的都是十分重要的東西。」高管學到最新的趨勢和技術，瞭解了千禧一代的價值觀；年輕員工接觸到職位相當高的公司高管，他們也獲得一次價值無法估量的教育。

不管你們公司是否建立了正式的逆向導師制，卡洛斯這個日常習慣值得你借鑒：「我經常看到他們登錄臉書、推特或者品趣志，然後問『你們在做什麼？』他們就會讓我坐下來看他們演示。」或者，你還可以嘗試讓員工帶新人。

「90 後」需要自我管理，而不是聽別人的指令。他們的能量只來自內驅力。當他自我認知失實的時候，我們希望他有謙卑之心，跳出幻覺。打碎和重塑他的不應該是你，而是他的同級。

他在網上吐槽公司

> 場上會產生大量的痛苦，卻幾乎沒有釋放的渠道。
>
> ——彼得・佛羅斯特 (Peter Frost) 不列顛哥倫比亞大學商學院教授

你有沒有這樣的下屬？他在公司受了氣，跑到網上一吐為快。這些又驕縱又情緒化的「90 後」！

他們到底在做什麼？也許他發出反對的聲音，只是想從制度體系中逃脫出來。其實，你在應對他遲來的叛逆期。我們都經歷過這種叛逆期，只是時間早晚不同而已。

也許他們純粹地在自我表達。「90 後」是玩視頻、玩直播的一代，他們在互聯網的輔助下，時刻準備著做最充分的表達。他們不善於互動，但善於自我表達。他們成長的時代，史無前例地在鼓勵自我表達：點擊、評論、分享、點讚。

為什麼他們面對你避而不談？你對質疑是否有過消極反應？比如公然憤怒，或無情壓制，或不屑一顧？

你有沒有過「隱形的」消極反應？最常見的就是所謂的「帶著答案來談問題，帶著建議來提批評」的文化。

你每次都說：「你們提出問題的時候，一定要帶著解決方案。」天啊，有的問題真的很複雜，怎麼可能很容易就有方案。

或者，你經常說：「你的想法很好，要不你負責這一塊？」這時候如果員工推託，不是打你的耳光嗎？

強烈的情緒是工作生活不可避免的產物，這既包括強烈的正面情緒，也包括強烈的負面情緒。彼得・弗羅斯特將應對員工的負面情緒稱作「處理毒物」（toxic handling），所有公司都要有主動處理毒物的勇氣，所有管理者都要有處理毒物的技能。

接下來，我們探討一下怎樣從以下三方面來對毒物做主動處理。

⊙ 從管理者個人的角度，用高超的傾聽技術來處理毒物

和滿腹牢騷的員工進行一對一的對話，這需要勇氣。你在怨恨之火被煽動起來之前，將他邀請來談話。在這次溝通互動中，你的主要任務是傾聽，不要去糾正，或教育。

如何傾聽？這就有講究了。向你介紹阿什里奇商學院採用的傾聽訓練方法，從三個層面傾聽。

事實層面：收集資訊，詢問更多事實，同時也帶著他去瞭解

全貌。

「這件令你不愉快的事情目前發展到了什麼狀態呢？」

「可不可以和我說說，你是怎樣發現他人品不好的？」

「其他同事對這件事情是怎樣評價的？」

情感層面：觀察他的情緒，捕捉他表示情緒的詞，在延展談話的過程中回應，表示完全理解。

「所以你覺得不公平，對吧？」

「如果我是你，我聽了他的話也會生氣。」

「可以想像，你當時多麼失望。」

直覺層面：用你敏銳的潛意識，去探究他沒說出來的場景、觀點、情緒，小心地驗證。為了緩和語氣，可以用比喻或描述畫面的方式。

「當時你們在郵件裡都言辭激烈，像放炮一樣吧？」

「他得罪了這個大客戶，可能讓你下半年工作都戰戰兢兢、如履薄冰吧？」

「我猜你從今年年初領到任務起，就一直不高興了？」

這三個層面的傾聽，是一種很小心的傾聽。它可以幫助你緩和衝突，在情緒上管理好團隊。

⊙ 從團隊的角度，用力場分析法鼓勵大家絕對坦率

當團隊成員在一起討論問題時，最讓你頭疼的是那些唱反調的刁難者，他們製造的雜訊超過他們帶來的專業知識。那麼，你不如在一開始就提供一個合法管道，讓他們釋放掉負面情緒。因為憋著沒有說出來的話，也會透過行動體現出來。

向你推薦力場分析法。讓他們先釋放掉負面情緒，更快地投入到理性的討論中來。這個方法如果用得好，不僅能提供消極情緒的出口，更重要的是，還能提供積極能量的入口。

力場分析法就是，將議題寫在一張紙最上端的中間，左右各設計出邏輯相對應的一欄，讓大家填空。其中一欄，就是讓他吐槽的。

比如，討論「公司被收購後的平穩過渡」這個話題，力場可以設計為「給大家帶來的焦慮 vs 給大家帶來的喜悅」。情緒總是比理智來得快。大家訴說完焦慮之後，也就是處理完情緒後，更容易過渡到第二步，理性地探討如何減緩焦慮。

又比如，回顧一次新年晚會，力場可以設計為「你的低谷體驗 vs 你的峰值體驗」。

力場分析中積極的那一欄，就是提供能量的入口。當團隊士氣消沉的時候，你的力場設計可以是「不可控因素 vs 可控因素」，幫助大家找回能量。

比如，我經常在線下帶領大家討論「如何從本土人才升級為全球精英」，力場分析設計為「需要長期努力才能獲得提升的能力 vs 短期投入就能產生飛躍的技能」，讓學員最大限度地提高課程收益。

使用這個方法的注意事項是：

第一，為了避免變成吐槽大會，措辭很重要，「好的 vs 壞的」，不如寫成「需要繼續發揚的 vs 需要努力改善的」；另外，將積極的那一欄，設計為占 2/3 的版面，引導大家的思維去填補這個部分的空白，將吐槽模式切換到集體思考模式。

第二，力場一分為二這個動作之後，要搭配後續討論。比如，客服部討論「我們怎樣減少客戶的投訴」，這個力場分析可以是「可控因素 vs 不可控因素」。然後需要討論「我們怎樣把不可控因素的影響力降到最低」。如果在討論中發生爭論，馬上又一分為二：「過去發生的失敗 vs 未來可以有的努力。」討論一次次聚焦，從發散到收斂。

力場分析法，能讓毒物在被傳播之前就被釋放掉。

⊙ 從公司的角度，提供合法吐槽的管道

我有一次去騰訊上課，正好趕上他們公司裡為新員工組織的吐槽大會，上司就坐在臺下。

你聽，臺上一位年輕小夥兒說：「上司今天能參加，是因為他工作不夠多。他工作不夠多，是因為下屬工作太多了。」

上司聽了仰頭大笑。這種吐槽，好刺激，好有趣。大笑之後，仔細想想，身在職場，誰心中沒有一長串的「吐槽列表」？哪有完美的企業？把吐槽變成笑點，多麼歡樂自信的公司。

2019 年新東方的年會上，六名新東方員工表演節目《釋放自我》，歌詞也是非常拷問靈魂：

「什麼獨立人格，什麼誠信負責，只會為老闆的朋友圈高歌；幹活的累死累活，有成果那又如何，到頭來幹不過寫 PPT 的；什麼節操品格，什麼職業道德，只會為人民幣瘋狂地高歌。」

俞敏洪之後在微博中說：「員工敢於當面 diss（頂撞）老闆，揭露新東方的問題，值得鼓勵……決定給參與創作和演出的員工獎勵 12 萬元人民幣。」

當大家切切實實地看到那些發出反對聲音的人都安然無恙，那些大膽當面吐槽的員工還得到了嘉獎，那誰還會選擇背後吐苦水呢？

你的公司裡有類似的羅馬廣場嗎？是否有鼓勵投訴的文化呢？

華為有兩個自我批判的平台：《管理優化》報和心聲社區。按照任正非的話：「有人給公司提意見是公司的幸事。公司是批評不倒的，如果它真好，批判反而有益於健康」。心聲社區裡吐

槽聲的尺度大、開放程度高，這和華為對外的低調形成鮮明對比。

我在和平安保險的一位管理者聊天時，他透露，每次有大型專案即將來臨時，他會專門成立藍軍隊伍，也就是假想敵，專門負責唱反調。他的原話是：「如果他們無爭議地服從，可能會有危機。」他自己每次在徵求員工意見時，都會在本子上認真記錄。我相信，上司認真地記筆記這個動作，會給員工留下深刻的印象。

會獨立思考的員工很可貴，要珍惜他們。公司只在兩種情況下不接受唱反調：他背後有不可告人的秘密；他從不幹實事，光唱反調。除此之外，反對的聲音是受到歡迎的。格局越大的公司越大度。我們來看看國外公司的做法。

亞馬遜公司（Amazon）員工每天在登錄公司電腦時，電腦都會閃現一兩道這樣的詢問「你的上司怎麼樣？」「你是否在最近的工作中使用過人力資源經理服務？」等。

豐田汽車公司（Toyota Motor Corporation）的做法是，在車間生產線旁的地板上，畫一個紅色方框，新員工在結束第一周工作後，被請入方框，說出至少三個生產線上存在的問題。

哈里森金屬資本（Harrison Metal）的首席執行官邁克爾・迪林（Michael Dearing）準備了一個橙色箱子，放在公司人流密集的區域，吸引人們往裡面投入寫著問題的紙條。在員工大會上，

他會當眾從箱子裡抽出紙條，認真作答。

如果你的公司文化還不至於如此開明，哪怕有管道，大家也敢想不敢言，那麼可以嘗試提供匿名的回饋管道，或者找諮詢公司這樣的協力廠商，或者利用網路平台，總之保證回饋是真實的。

如果你所處的公司暫時還沒有提供這樣的平台，你自己可以設置一些收集吐槽的問題，將這些問題穿插在你和員工的對話中。

「你現在的工作中，有沒有根本不重要，並且很耗時的事情？」

「目前團隊的工作，有沒有優先順序排錯了的？」

「什麼事情是你希望我做，但是我沒有做的？」

「什麼事情是你希望做，但現在公司沒給你機會做的？」

「有沒有哪位同事耽誤了你的工作進程？」

這些問題將幫助你獲得與員工對話的機會、深入挖掘問題的機會、改進流程的機會。你們的敵人不是彼此，而是公司裡複雜的審批流程，或官僚之風，或其他還不夠完善並等著我們一起去完善的地方。

在闡述完我們如何應對吐槽之後，我最後補充兩點建議。

第一條建議是公司有意製造一些便於員工在網上傳播資訊的社交貨幣，既滿足他刷存在感的欲望，又塑造公司的口碑。每家

公司都希望有口口相傳的好名聲，而「90 後」又是善於傳播、喜歡分享的人群。他們喜歡「曬」。360 度無死角地「曬」。哪怕是在發呆打盹，也要「曬」。

比如開展活動時，聘請專業攝影師為員工拍下照片，便於他發朋友圈。比如，以公司的名義贈送他鮮花，鼓勵卡寫上他的名字和感謝語。有時，一碟創意十足的點心，或吸引眼球的桌擺綠色植物，或請上門的按摩服務，都會為他們在網路空間中獲得一輪實實在在的關注。

第二條建議是，對員工的網上吐槽行為，公司其實不用放在心上。

根據紐約大學斯特恩商學院社會心理學教授喬納森・海特（Jonathan Haidt）的研究，社交網路獎勵了人們誇大的憤怒。表達憤怒，本是公眾演講中的必要手段，這個手段現在被大家濫用在網路空間這個秀場，因為它能更快地引來關注，提升影響力。如今，人到了社交網路，容易戾氣沖上頭。

員工在網上吐槽，他的目標是讓資訊獲得更多分享，從而刷個存在感，他吐槽的目的倒不一定是掀起社會輿論搞垮公司的名聲。吐槽人清楚這一點，圍觀的觀眾也清楚這一點。藝術家安迪・沃荷（Andy Warhol）預言：「在未來，每個人都能成為名人 15 分鐘。」吐槽中的那家公司，充其量只是個道具。

給他

CHAPTER 3

　　團隊成員四處分散，合作效率低；大家只關注自己手頭的工作，不熱衷助人；管理者以誠相待，下屬卻一聲不吭突然離職。看來在這個舞臺上，大家玩得都不開心了。怎樣成就一次精彩的演出呢？舞臺需要背景打光——管理者無須告訴每一位下屬「怎麼做」，而要用「為什麼做」作為火炬來引領他們；演員們需要正確的站位——管理者學會必要的引導技術，鼓勵大家健康地碰撞觀點；演出需要彼此間的信任——管理者用智慧平衡規則、處理內外的矛盾。接著，好戲上場。

舞台

激發頭腦創造力

告訴他「怎麼做」out 了，
要告訴他「為什麼做」

> 知識型員工是不能被管理的。
>
> ——彼得・德魯克

　　法國哲學家布萊士・帕斯卡（Blaise Pascal）說「人是一根會思考的蘆葦」，站在你面前的這個年輕人，哪怕稚嫩、脆弱、毫不起眼，但他有尊嚴，他的全部尊嚴在於思考。

　　如果你的舊習慣是：為了讓任務「正確且高效」地完成，你直接教他怎麼做，這會給你一切盡在掌控的錯覺。該把掌控感還給「90 後」了。他們是玩網遊的一代，在虛擬的世界裡，在電子螢幕前，他們手握武器彈藥，想滅誰滅誰，簡直無所不能。

　　新時代要求管理者從教條主義中解脫出來，重新架構自己的思維。借用組織行為學思維，把重心從告訴下屬「怎麼做」，轉移到告訴他「為什麼做」，告訴他意義，給他舞臺，由此設計他的行為。

⊙ 用「為什麼」的未來思維驅動他

你每次在描述任務的時候，不要忘記和他探討一下：「我們做這件事的目的是什麼？」

「我們需要在月底前完成對所有重要客戶的實地拜訪。因為要想和客戶保持良好的關係，一定頻率的面對面交流至關重要。」

當任務艱鉅的時候，還要再往前多問一個「為什麼」。

比如，一家美國的商學院今年為開拓中國市場決定招收 20 名合格的中國學生。

「為什麼要做這件事情呢？」

「為了提高學校在亞洲地區的國際聲望。」

「為什麼要提高學校在亞洲地區的國際聲望？」

「為了構建和傳播商業文明。」

第二個「為什麼」讓人激動，給人使命感，有了使命感，手中的活兒也幹得帶勁兒。

團隊裡如果沒有人建言，總是領到任務就默默地幹，不見得是好事。在過去，年輕人不講話，可能是「上尊下卑」；而現在，年輕人不講話可能是「事不關己高高掛起」。因此要用「為什麼」的思維驅動他，在團隊裡鼓勵「多問一句為什麼」的文化。

⊙ 用「為什麼」的意義感褒獎他

第一次世界大戰中，美國軍事家、陸軍五星上將道格拉斯‧麥克亞瑟（Douglas MacArthur）制訂了一個重要的進攻計畫，為了實現進攻，他要徵集打頭陣的第一個營。他對一位少校說：「站在營隊的最前方，每一支德國槍都會瞄準你。這是非常危險的舉動。假如你這樣做了，你將得到傑出服役十字勳章——而且我保證你會得到。」

這是巨大的榮譽。隨後麥克亞瑟退後一步，久久打量這位少校。然後再次走向他：「我看得出你準備這樣做了。那麼你現在就能得到傑出服役十字勳章。」他一邊說，一邊把自己的勳章取下。

毫無懸念，少校帶著隊伍完成了任務。

上司給出意義，並公開承諾，對於一件絕對有意義的事情，這種精神上的褒獎比物質上的承諾更吸引人。

在馬斯洛金字塔中，自下而上一層層分別是「生理需求、安全需求、歸屬需求、尊重需求、自我實現」。在一個人的成長道路上，他是不是一層層往上走呢？也就是說，先吃飽喝足了，生理舒適了，再追求他人的尊重，並自我實現呢？

不是。這幾層其實是同時進行的。

不管他在成長的哪個階段，每一層的需求他都有，他都要實

現。你看看那些去朝聖的藏族朋友，餐風露宿，在基本的生理需求和安全需求都還沒有滿足的情況下，已經在追求自我實現了。

於是有意思的地方來了。當他和你斤斤計較金字塔下層的需求時，很有可能是金字塔上層的需求沒有得到滿足。比如他過來和你談加薪，他真的只是嫌錢不夠嗎？他真正不滿的可能是無法自我實現。如果你無法在「歸屬需求、尊重需求、自我實現」上滿足他，他就只能在金字塔的下層寸「金」必爭了。

反過來，當他上層的需求全部得到滿足時，他不會眼睛只盯著下層。想想那些無政府組織、跨國界醫生、志願者組織等。

馬斯洛金字塔給我們什麼啟示呢？在達到薪水基準線後，最厲害的上司，都是在金字塔的頂層和下屬們溝通。他們會花足夠的時間，向下屬解釋這個工作的重要性、它在整個組織架構中的意義、它對人的挑戰在哪裡。這個環節成功後，下屬們的行動速度比你想像的快。

⊙ 提供舞臺，讓他閃亮

抖音產品負責人王曉蔚透露，85% 的抖音用戶年齡在 24 歲以下，多數是「95 後」，甚至「00 後」。年輕人一直是家庭中的焦點，他們在職場上也期待秀一秀。

有一位剛離職的年輕人告訴我，他的離職和薪水高低沒有任

何關係，「這家公司限制了我能力的發揮，我當然毫不猶豫地離開」。

平安大學為員工提供了一個開放的舞臺，大家可以申請在平安大學分享他的經營訣竅或技能。雖然所有的講師都是無薪酬的，但在公司裡的曝光度和獲得晉升的機會大大提高。

360 公司的文化是「為『90 後』創造舞臺」。後臺，有「70 後」「80 後」提供技術支援和經驗指導，舞臺上，是「90 後」發揮想像、嘗試操作的空間。360 公司的產品經理多數是「90 後」，他們不負眾望推出了 360 智健、360 隨身 Wi-Fi。360 智健這個產品從產生創意到產出成品，只用了 151 天。產品經理車向陽感慨：「『主動性』『ownership（所有權）』是我在這 151 天裡聽得最多、體會最深的字眼。」

有的公司想盡一切辦法提供秀自我的機會，比如年會上播放大家自製的自我成長的視頻，還有一年一度的才藝大會、秀鍛煉成果的專群等。

還有公司更為大膽，敢給員工冒險的機會。

我曾問過 PVH 集團（Philips-Van-Heusen）的一位員工，公司有什麼地方是他最欣賞的，他說：「當有新的品牌要推廣時，人人都可以毛遂自薦。上司不要求你在這個新品牌上先做出成績，再給機會，上司是先給你機會，你再做出成績。」這不正是企業家精神嗎？

　　給員工舞臺，公司給他公開背書，上司給他個人輔導。這是一個消除組織惰性的好做法。

　　意義，是「90 後」的必需品，你用意義驅動他、褒獎他。你不用擔心他不跑，或者跑得不快，你只需要說清楚「為什麼往這邊跑，而不是往那邊跑」。當你們確定好一起跑的方向之後，在你提供的舞臺上，他可能比你跑得更快更遠。

他們超級自信，
很難合作

> 意見分歧，是一種很大的力量，我們應當學會駕馭並利用它。
>
> ——戴愫

會議上好一番唇槍舌劍。

「老客戶市場的規模是小一些，但可靠、忠誠。」

這邊話語剛落，那邊不滿意的聲音馬上響起：「新客戶市場當然潛力更大，我們資源有限，需要集中在新客戶上。」

這邊振振有詞：「老客戶的銷售週期很短，能節約成本，而且我的資料顯示，老客戶每宗購買量更大，平均一家老客戶可以創造 10 萬利潤。而一家新客戶只能創造 7 萬利潤。」

那邊並沒有被說服：「不能僅僅看此時此刻的投資回報率，要從長遠來看。」

他們一個個胸有成竹的樣子。

「90 後」是超級自信的一代。他們想到就可以做到，大到轉

變職業賽道，小到買只輕奢包。他們不隨波逐流，未婚女青年們為自己的「單身力」而驕傲，主動選擇活出自己一個人的最精彩的狀態。

同時，「90後」又是封閉型自戀的一代。海量的資訊可能並沒有讓年輕人更有判斷力，「90後」的閱讀和學習環境是數字回音室，他們的認知軌跡受到互聯網的演算法影響，是個性化的引導式。他們留在和自己一樣、支持自己的人群中。我看到的都是我喜歡的，我不喜歡的我不會去看。這形成了封閉型自戀。

他們把這種「超級自信＋封閉型自戀」的狀態帶到職場之後，你會發現他們彼此的觀點碰撞得劈裡啪啦，誰也不服誰。

意見分歧並不可怕，沒有衝突的組織可能是一潭死水。我們害怕的是，當源源不斷的工作任務撲面而來時，大家放棄了思考。其實，意見分歧是一種很大的力量，我們應當學會駕馭並利用它，我們的任務是，把衝突變成建設性的衝突、能增值的衝突。

借用猶太人的 balagan 理論，balagan 這個詞描述的是大大小小的紊亂，比如房間書桌上雜物堆得亂七八糟、日常交通的癱堵、金融市場的波動。讓人吃驚的是，在以色列這個高度重視教育、教育支出占國民總收入近十分之一的國家，他們在教育中也採用 balagan 理論，允許「另類」的思想和行為存在。

以色列的一年級課堂常常湧現出大量的質疑、談判。老師總要努力地向學生解釋自己的觀點，哪怕是課外活動時間 15 分鐘

這樣的小事，學生也會嘗試談判到 20 分鐘。以色列創業家阿米‧德羅爾[1]（Ami Dror）指出，表面上看，課堂討論似乎混亂，實質上，這些孩子在內化資訊，試圖在自己的大腦中建立秩序。

為了協商得到自己想要的結果，每個人都從被動變成了主動。放在職場上，整齊的環境、統一的順從，可能意味著無足輕重、敷衍躲避；混亂的空間、雜語喧嘩，可能意味著極速交流、精益求精。這就是意見分歧的價值。

這一節我來告訴你怎樣駕馭意見分歧這股活力，讓組織獲得新智慧。

首先，我向你介紹羅賓圈法。它鼓勵大家碰撞觀點時，有建設性地、自覺地、健康地碰撞。這個方法和皮克斯動畫工作室（Pixar Animation Studios）的 plussing 文化（附加文化）是一致的：如果指出問題，就要提供解決方案。

羅賓圈法，本質上是用批判性思維來迴圈觀點。也就是，將批評拋給全組人，進行遊戲化的擊打。

假設，你組織一場討論：「怎樣在公司餐廳內開展空盤子行動。」

如果有 6 位同事參加，你就找來 6 張空白 A4 紙，從上往下折成四折，最上面一欄寫下問題：「我們怎樣在公司餐廳內開展空盤子行動。」

---

[1]　阿米‧德羅爾：立樂青少年程式設計公司創始人和首席執行官。

　　然後每人發一張，要求大家在五分鐘內，在第二欄中寫上自己的應對方法。

　　接著開始迴圈了。每個人都遞給自己左邊的那一位。拿到這張紙的人，在第三欄繼續寫，寫什麼呢？寫下第二欄中那個方法存在的弊端。

　　5 分鐘後，再迴圈，每個人都遞給自己左邊的那一位。拿到紙的人，在第四欄繼續寫，寫上怎樣克服第三欄當中的那個問題。

　　最後，每個人只需要分享這張紙的最下面一欄，也就是第四欄。大家輪流發言。

　　不管參加討論的有幾個人，羅賓圈迴圈的過程大概是 15 分鐘，因為填寫題目下面那三欄的時間是 3 個 5 分鐘。

　　在剛剛那個例子中，15 分鐘後，6 張紙就被寫滿了。

　　其中一張紙上，問題下面的第二欄，有人寫的方法是：「獎勵無剩菜的員工，在回收處發獎券或者將餐廳的餐具改為小勺小碗。」第三欄，另一個人寫的是這個方法的弊端：「會造成回收處擁堵，用小勺舀會增加每個人的取餐時間，來回加飯菜也會造成擁堵和無序。」第四欄，是另一個人寫的解決方法：「分批就餐，並優化餐廳內人流動線設計，饅頭直接做成大小兩個尺寸。」

　　再來看一張紙，第二欄寫的方法是：「讓員工輪流參與後廚食物垃圾的處理過程，獲得直觀感受。」第三欄寫的弊端是：「員

工沒經驗，會擾亂後廚工作流程，並且員工很難將集體行為和個人行為聯繫起來。」第四欄寫的方法是：「餐廳定期發佈後廚餿水量，並平均到人頭，從餐飲補貼中扣費，形成壓力。」

再來看一張紙，第二欄寫的方法是：「提供環保打包盒，讓員工將剩飯剩菜帶走。」第三欄寫的弊端是：「員工可能因此而剩得更多。」第四欄寫的方法是：「要求員工秤重買走。」

我介紹的這個羅賓圈法，保證了每個人獨立思考和獨立判斷。

注意事項：

第一，用羅賓圈法討論時，前 15 分鐘都是用「寫」，之後，分享第四欄內容的時候，再用「說」。

第二，大家在寫的時候，不需要像傳統討論那樣，做過多解釋。團隊成員在拿到紙條的時候，對上一個人的智慧輸出有不同方向的解讀和發展，有時會向前邁一大步，超越普通的線性思維。

第三，紙的折疊部分不能提前打開，不要讓他分神，讓他專注於閱讀上一個人提供的答案和自己此刻的思考。

以上就是羅賓圈法，一個實現從互相揭短到共創的集體思考工具。

在你的團隊裡可能還會出現一種情況，會議討論到了尾聲，大家還是意見不一。過去我們最常見的解決方案是投票表決。但

是，你有沒有遇到過這樣的情形：大家的點子特別多，而每個人投票時的判斷標準又不一樣，這個時候的投票其實是沒有意義的。

我們知道，羅伯特議事規則是程序正義優先於結果正義。可是當討論產生了兩派意見，如果僅僅按程序簡單粗暴地來二選一，往往會導致其中一方的不服。

所以，我向你介紹合併優勢清單法，啟動集體智慧思考第三選擇，帶領大家在積極協同中，尋找第三條路徑。

假設，你們公司引進了一套新的辦公軟體，IT 部門主張花兩天時間，把同事們集中起來培訓。銷售部門認為他們根本抽不出時間，他們主張邊使用邊學習。

在雙方都很強勢的情況下，不適合投票。這時，你可以邀請雙方分別列出自己的優勢清單，也就是說，自己的主張會帶來的好處，並按照權重排列好。然後把這兩個清單上最靠前的那幾項合併，看能否找出新的方法。

IT 部門列出了「兩天集中培訓」的優勢清單，排在最前面的三項是：所有人同步學會（可以讓公司在同一個時間點從舊系統切換到新系統）、降低時間成本（以後出問題還要一個個單獨解決）、提高大家對新系統的重視程度。

銷售部也列出了他們的「邊使用邊學習」的優勢清單，排在最前面的三項是：能堅持原有的工作日程表（很多人日程表上有

重要客戶需要拜訪）、可以有針對性地學習（銷售部不是所有模組都要學習）、學習印象更深刻。

綜合考慮兩個清單的前三項，他們討論出一個新方案：銷售部派 5 位代表參加兩天集訓的第一天，IT 部會在第一天集中講授和銷售部相關的模組。5 位代表回到本部門，在截止日期前為銷售同事做個別培訓，同時 IT 部門集中提供兩次 1 小時的線上技術支援。截止日那天，IT 部門將會把全公司的舊系統統一切換成新系統。

在組織過很多次討論後，我有一個感觸，成功的討論總是充滿積極的協同。美國著名管理學大師史蒂芬・柯維（Steven R. Covey）甚至明確指出，第三選擇才是解決所有難題的關鍵。我記得他給過一個這樣的例子，有一對夫妻在興趣愛好上幾乎就沒有共同點，他們如何安排週末活動呢？

丈夫的優勢清單：擅長體育、喜歡動手勞動、數學好，有商業頭腦。

妻子的優勢清單：喜歡舞蹈、戲劇、藝術、出身優越，對動手做沒興趣。

如果妻子選擇自己去看歌劇，丈夫目不轉睛盯著球賽，那他們會越來越形同陌路。但是，積極協同的夫妻總能找到第三選擇：這位妻子帶孩子加入了當地的社區劇院，那家劇院境況慘澹，丈夫很樂意幫忙動手搭佈景，並用他的商業頭腦發起籌募基金活

動，很快成為劇場的託管人。全家人一到週末就圍繞著劇院，各得其樂。他們的兩個兒子，一個後來成為優秀演員，一個舞蹈跳得非常專業。

這就是合併優勢清單法。使用這個方法時，我提醒你一個注意事項：

很多的討論，往往無法尋找絕對一致，而是尋找最有可能達成一致的方案。所以達成了共識的會議，往往是大家都做出了一定程度的讓步。所以在結束時，你不需要問大家：「所有人都對這個結果滿意嗎？」多數情況下，在那一刻，不會所有人都100% 滿意。而你的結束語可以是：「大家是否認同、這個結果是我們一起動腦筋思考出來的，它得來不易；你是否願意去承擔執行的責任？」

那麼，我們怎樣看待投票呢？投票是可以貫穿討論始末的一個方法，但凡要從發散到收攏的時候，都可以考慮投票。但是，不能把它作為唯一的工具，但它可以成為激勵思考的工具，產生一致行動的助推器。

羅賓圈法讓大家健康地辯論，合併優勢清單法能讓一次討論漂亮地收尾。

最後，我們回到上司做決策這個環節上來，有沒有一種方法，能把複雜而耗時的討論，轉變為指導行動的簡潔優美的決定，並獲得集體情緒上的認同？你可以借鑒網上書店 Amazon（亞馬遜）

的創始人傑夫 · 貝佐斯（Jeff Bezos）的「上司果斷決策，並附帶承諾」的方法。

當傑夫 · 貝佐斯的團隊成員無法達成一致意見時，他把自己的觀點明明白白地表達出來，然後做決策，同時他說：「儘管意見有分歧，但是我相信我們可以成功，我希望它成為我們做過的最受關注的事情。」這個承諾，使大家簡簡單單地聽從了他，而不是費力去說服他，否則整個決策過程會持續太久，並造成大家時間和情緒上的雙重損耗。

用這個方法，亞馬遜工作室的電視製作團隊協同合作，為公司捧回了 11 個艾美獎、6 個金球獎、3 個奧斯卡獎。

大門敞開著，
但沒人進來

> 信任，將包圍著我們的複雜性和不確定性，變為二元的可以
> 相信還是不可以相信。信任，是一個社會複雜性的簡化機制。
>
> ——尼古拉斯·盧曼 (Niklas Luhmann) 德國社會學家

你們公司受邀參加行業內的大型展會，你派出了幾位工作熱情高、形象好的下屬，在展臺前代表公司展示產品。

下午五點半，你過去巡場，結果鼻子差點氣歪。其他展臺人潮洶湧，你們公司的展臺上空無一人。

你怒氣衝衝地打電話責問那個帶頭的下屬：「展會還沒有結束，你們人呢？你們為什麼提前結束？知不知道我們的展位價格有多貴？這個損失你能承擔嗎？」

他就反問了你一句：「你真正瞭解情況嗎？」

第二天，他辭職了。

事後，你發現確實是自己不瞭解情況。當天發生了一個小事故，資料也發完了，你過去的那會兒，他們有的人在緊急處理事

故,有的人回公司取資料去了。

你因此做了自我反省,覺得你和團隊成員不僅在重要事情上溝通得不夠,日常工作中也溝通得不夠,你不是一個開放且知情的上司。於是你宣佈,只要你在辦公室,只要大門是敞開著的,任何人都可以進你的辦公室找你聊。

大家反應平平,辦公室的門就那樣一直敞開著。

如果上面這類故事沒有在你身上發生過,再看一下這些情景是否似曾相識:

大家在辦公室裡嘻嘻哈哈開玩笑,你一進來,空氣突然安靜;

你喊他們一起吃飯,他們總是這個有事,那個忙;你一個人在前面走,大夥兒在你身後排開,就像大雁往南飛。

傑克・韋爾奇提出的無邊界組織,並不是完全消除邊界,因為垂直的等級邊界和組織的內外邊界,是無法真正消除的。他指的是消除邊界之間的隔閡,讓資訊、想像力、創造力自由流動。在這種流動中,上級和下級成功建立起連接(bonding),這種連接是一切管理活動的基礎。

人和人怎樣能建立起連接呢?基本方式之一就是交談。而我們發現,和年輕人交談這件事情變得越來越難:

年輕人失去了字斟句酌、精準表達的本領。過去的通信方式是手寫信函,人們有足夠的時間思考措辭。之後是鍵盤打字,現在是隨時隨地發語音和表情包、傳視頻。對於一句話怎樣說出去

更有力量且有溫度，他們缺乏練習，於是這個本領退化了。

　　年輕人失去了捕捉對方話語裡隱藏的資訊的本領。真正的交談，是靠著隱去的資訊來進展的。現在年輕人在交談時不是看對方的臉，而是改看螢幕了。對方的微表情、沉默、語氣轉折中蘊藏的豐富含義，一併被忽略。

　　雖然難，但交談這件事情我們必須得做，而且身為管理者，得主動做。

　　你敞開了辦公室大門，是不是一定能保證他們願意走進來，對你敞開心扉呢？當你正式地表達交談意願時，他們處在戒備狀態，無法做到坦率。所以，和年輕人的互動更常發生在非正式的、隨意的時刻。

　　在我的《微交談》一書中，我鼓勵大家用開口說一句話的習慣打開與他人建立連結的局面。不用多聊，從一句話開始。不要小看這一句話，它往往帶來遞增式的進步。

　　這一句話可能會引來巧妙的回應，輕輕拍背鼓勵，微微點頭示意，或愉悅地插科打諢。而這些細微而真實的瞬間，往往可以改變局勢、重塑關係。其實，重要資訊是在非正式管道流通的，重要關係也是在非正式管道結成的。

　　所以，你與其坐在辦公室裡等他們上門，不如參考美國前總統林肯（Abraham Lincoln）的方法，每週安排一小時四處走動一下。這個方法被現代管理學稱作「走動式管理」（MBWA：

management by wandering around）。通用電氣公司的首席執行官傑夫・伊梅爾特（Jeffrey R. Immelt）把這個做法叫沉浸。銷售出身的他習慣於長時間在外奔波，「我總對總部有些輕視」。後來他改了習慣，每個月專門花兩天時間與國內的銷售團隊和客戶促膝交談。他將自己定位為公司最好的推銷員。他告誡高階主管們，不要以為靠一次演講就能得到所有人的支持。他會主動去敲下屬的門：「請讓我再講一遍。」

具體怎樣用第一句話開始微交談呢？

⦿「我有個好消息讓你今天高興高興。」

經常說這句話的上司能幫助團隊形成全域視野。

我過去的上司就經常講這句話，和他的微交談為我帶來過重要的收穫。有一次，我在公司走廊裡看到一位副總裁興沖沖地走出辦公室，通常情況下，我們也就是擦肩而過時彼此打聲招呼。那天，他多說了一句：「愫，我有個好消息讓你今天高興高興。」

我停下腳步：「啥好事？難怪您如此神采奕奕。」

他說：「噢，很快你會看到很多你的中國同胞，國會山莊特批了我們的中國護士專案。」

太好了！那段時間我正煩心於辦公室行政的瑣碎，急需一個可以施展身手的好項目。他的這條剛剛出爐的資訊，被我緊緊抓

住了。我當天就去找了我的直屬上司詳細瞭解這個項目，並申請加入。

公司裡的年輕人常常處在困局中：「我不知道同事們在忙什麼，也不知道公司下一步要做什麼。」互聯網讓年輕人養成了迅速搜尋資訊來解決困惑的習慣。在公司這個生態環境中，他們同樣期待迅速獲得資訊，並期待資訊直接產生價值。這一點，年報做不到，公司刊物做不到，郵件做不到，只有微交談能做到。上司站得高、看得遠，在上司的視角裡，這盤大棋是什麼樣的下法，年輕人在其中能起到怎樣的作用，請即時讓他們知道。

◉「最近工作順利嗎？」

經常用這句話進行微交談的上司，可以將問題扼殺在搖籃裡。

沒人願意走進上司辦公室，說：「我搞砸了。」在事情變糟糕前，有無數次交談、挽救的機會。大問題總是發端於小問題，當發生了小問題時，當天不一定碰巧有會議，也不值得專程去一趟你的辦公室，更不值得發郵件問。其實解決問題的經驗，有時只是輕輕一句話的提醒；解決問題的勇氣，有時只需要短短一句話的鼓勵。

有的公司用篇幅很長的工作指導 Word 文檔來幫助員工，或

給他們發列印出來的員工守則，這些努力收效甚微。因為困擾大家的是工作中遇到的那些大大小小的問題。相比實際解決問題，員工更在意的是，你是否專注傾聽，你是否有盡力提供幫助的態度。

⊙「有同事反應……你有這樣的感覺嗎？」「上次專案不順利有什麼別的原因嗎？」

這種方式的微交談能幫你獲得真實的負面回饋，從而為組織「解毒」。

「有同事反應我管理太嚴格，你有這樣的感覺嗎？」「有同事反應公司這次考評不公平，你有這樣的感覺嗎？」「有同事反應公司在人才發展上投入太少，你有這樣的感覺嗎？」

「今年你丟掉了這個大客戶，有什麼別的原因嗎？」「今年你的業績不比去年了，有什麼別的原因嗎？」

你聽到的回答可能是：

「老闆，上次就是因為您批示太晚，我們沒有爭取到那個客戶。這次的客戶也等不了，我上周已經把資料發給您，正等著批示呢。」

「我不理解為什麼公司這麼做，身邊同事也有怨言。」

「老實說，我覺得您認為達成這個數字肯定沒問題，您太樂

觀了。」

「我覺得按照這個思路走下去，不會產生比去年更好的結果。」

「其實我一直沒機會和您聊，那不是個好主意。」

有的管理者永遠不知道員工對他們真實的看法。當然，員工不會直接批評上司，他們只會私下裡偷偷談論。但如果你主動提供了一個輕鬆的環境，他們可能會開誠佈公。

基於微交談的非正式回饋系統，賦予員工更大的權力。有上司瞭解到員工不願晚上留在辦公室裡加班，真正的原因是大樓晚上不開空調系統，他第一時間為每個辦公室購置了單獨的空調機。有上司聽說某員工的表姐不是 211 高校（特定重點學校）畢業的，想申請入職本公司，但公司只招 211 高校的畢業生，這位管理者覺得此規定很可笑，立刻取消了。

再平靜的表面之下，也會有一些湧動的暗流。甚至團隊裡有可能出現刁難者。刁難者毫不猶豫地表達自己的不滿，甚至製造、傳播謠言和小道消息。當事情有些敏感時，你需要悄悄確認一下資訊，並幫助大家過濾資訊，清楚告知他們哪些資訊是可靠的，尤其是當事情懸而未決時。

透明的管理利於打開心結、化解抱怨、解除警報。

◉「你覺得怎樣可以……」

　　這種高價聘請協力廠商機構進入公司做焦點訪談的事，上司自己就能做。

　　「你覺得可以怎樣鼓舞士氣？」

　　「你有什麼提高業績的好辦法嗎？」

　　如果你認為團隊不夠有工作熱情，與其陷入苦惱，你不如大膽地直接問當中一位和你走得最近的團隊成員：「如果要找出大家從冷漠到熱情的必要條件，你覺得是什麼？」相信我，只要你夠誠懇，他會暢所欲言的。

　　大衛・麥克斯菲爾德[1]（David Maxfield）調查發現，沉默導致人均 7500 美元的損失。接受他採訪的 20% 的職場人士，因避免難堪的談話而導致的損失達人均 5 萬美元。開放而坦誠的交談，能為公司創造巨大的收益。

　　成功的公司都在著力創造同事之間進行微交談的環境。谷歌公司每週五下午有固定的幸福時光，被稱作 TGIF（Thank God It's Friday）。大家帶著對週末的期待，聚在大廳喝酒、享用茶點、聊天。賴利・佩奇，謝爾蓋・布林等創始人再忙也會儘量到場，和員工近距離接觸。前谷歌公司總工程師吳軍至今還對那些他品嘗過的紅葡萄酒、白葡萄酒、啤酒津津樂道。還有一家科技公司為了幫助新人迅速融入新環境，在他們的辦公桌上放了餅乾罐，

1　大衛・麥克斯菲爾德：《紐約時報》暢銷作者，研究公司業績方面的著名社會科學家，他主導過企業培訓和上司力開發的很多研究專案，研究成果已經被翻譯成 28 種文字，傳播到 26 個國家，並被財富 500 強中的 300 家公司應用。

然後在大廳貼出標有餅乾罐位置的地圖，鼓勵大夥兒走動走動，聊一聊。

為了讓你的交談更有效，我來給你一些提示。

在一個讓大家都能看見的地方交談。當團隊成員看到，你和下屬溝通的時間比和上級待在一起的時間更長，他們自然推斷出，你的精力被用於支持下屬，而不是討好上級。

你要多創造一些「by the way」（順便提一句）的時刻。

樓下有咖啡，去喝一杯；咖啡店旁邊有林蔭道，去散散步。你的員工是願意去你辦公室，正襟危坐，進行一次嚴肅的談話，還是在公司樓下的花園裡，向你提出一個困擾他多日的問題？交談內容不限於公事。雙方可以暫時甩掉職業面具，交交心，聊聊天，不用擔心說了蠢話或說錯話。

職場人士惜時如金，時間是稀缺資源，所以你儘量用微交談讓同一段時間裡有雙重收穫。比如一邊徒步一邊聊，一邊等咖啡一邊聊，一邊吃飯一邊聊，一邊列印資料一邊聊。有的管理者設定了每個月和每個員工共同進餐一次的制度。

你的日常形象不要總是匆匆忙忙、眉頭緊鎖，員工很容易感知到，「大事不好」「上司心情不好，還是少說幾句吧」。

如果你步伐從容、笑容輕盈，他們更願意和你好好聊。

你的「聽」要比「說」更多。參考蘋果首席執行官提姆・庫克（Tim Cook）的沉默對話法，讓自己比平時多花幾分鐘來默默

地傾聽，先不做引導。如果過早引導，員工會猜測你的意圖，說你想聽的內容；如果不做引導，他們更有可能說出他們的真實想法。

公私間雜的 5 分鐘微交談，有時會引發 1 個小時的深入交談。你可以學習大學教授，做一張接待時間表（office hour），貼在門上。從你的日程表上，每週劃出 2 小時，和員工做深入探討。

不要僅僅在有問題的時候才一對一交談，否則你很容易只看到問題，沒看到人。用微交談在人和人之間建立真正的關注。

彼得·德魯克說的「文化能把戰略當早餐吃」，我們都知道文化重要，而文化這個東西又沒有辦法像戰略那樣條理清晰、焦點明確。

管理者首先要建立信任的文化。沒有信任基礎，員工的點頭只是表面上的順從，不會有行動上的全力以赴。縱觀古今，熟人社會裡，一切運作基於人對人的信任。後來，人群擴大，信任不起作用了，於是開始建立健全的制度，用制度去約束。

中國人民大學教授劉松博指出，在公司實踐中，人際信任被大大低估了。因為制度信任在人際信任之後出現，於是被誤認為是歷史的進步。管理者千萬不可忽略人與人之間的信任。恒天然大中華區總裁朱曉靜為管理者的工作排序，從優先順序上，與員工交流永遠排第一，其次是觀察市場，最後才是拜訪客戶。因為「高效的市場調研和深入的客戶洞察，都來自和一線員工的交

流」。

　　信任不是一個虛無的幻想，信任的形成源於細節。人與人之間的一個小玩笑、一個小提醒、一句小鼓勵，哪怕就是拍拍肩膀表示理解，也讓人收穫頗豐。如何建立人與人之間的信任文化呢？微交談就是個解決方案。它像一個抓手，把在空中飄著很難落地的文化抓下來，它可以被設計、被實施。

我推他一下，
他走一步

> 如果單憑自己的翅膀，沒有一隻鳥兒會飛得很高。
>
> ——威廉・布萊克 (William Blake) 英國浪漫主義詩人

他明天要參加專案競標會，你讓他今天過來彙報一下準備進展。結果他在你面前的演示磕磕絆絆，並不順利。你心急火燎，列出改進建議，讓他下午再來演示一遍。哪知下午這次更糟糕。你全力以赴地幫助他，可他越教越笨。

你實在受不了，連珠炮似的問題馬上要脫口而出了：「你怎麼搞的，到現在都還沒準備好？你上班時間都在幹什麼？你覺得這樣像話嗎？」

這些負面的、責備性的、封閉式的問題，於事無補。它們只會讓兩個人在這個坑裡越陷越深。

怎樣爬出來呢？我經常用的是埃里克森國際學院的創始人瑪麗蓮・W・阿特金森（Marilyn W. Atkinson）的那條開放式問題線。

這條問題線能將對方的智慧、動機從 0 打開到 10，就像擰開了一個神奇的水龍頭。

你拼命咽下口水，努力用平靜的語調問他：「離明天下午見客戶還有 18 個小時。你覺得可能有哪些補救的方法？」

他歪著頭想了想，說：「我回去再練幾次，進一步熟悉內容，另外，增加幾個成功案例。」

你稍感欣慰，說：「很好，還可能有什麼方法？」

他又想想，說：「嗯，明天可不可以找一個同事來協助我？」

你應和道：「贊成。如果同事們明天都走不開，還有別的可能會有幫助的方法嗎？」

他望著窗外，思忖片刻，說：「我和一個客戶私交很好，看他明天能否現場幫助我？」

你對這個大膽的答案有些意外，但並不責備他，反而表揚：「這對新客戶來說，會很有說服力的。」

然後你繼續問：「時間不多了，我想問一下，你覺得現在最緊要的事情是什麼？」

他說：「第一步就是精簡資料，熟悉資料，然後增加幾個案例，同時聯繫同事或客戶。」

你終於放心了：「那抓緊時間吧，我相信你能搞定。」

他站起身準備離開前，你追問一句：「你覺得怎樣做能避免以後出現這樣的措手不及？」

他一邊推回椅子，一邊說，「我錯誤地估計了這個新客戶的需求類別，以為可以套用過去的方法，導致了這次準備不足。以後我需要精準識別每個不同的客戶、不同的需求。」

你說：「很棒哦，加油，等你的好消息。」

他給了你一個自信堅定的背影。

恭喜你，你完成了一次大師級的深度交談。授之以魚不如授之以漁。如果想讓他動腦，就不要替他思考，你只需為他營造一個思考的氛圍。而這個思考的氛圍是用下面這條開放式問題線營造的。

⊙ 發散 —— 收斂 —— 持續

先發散，盡可能多地收集他的想法；然後收斂，找出最重要的部分，列出行動步驟；最後持續，將這次思考的結果延續到未來。

在這條問題線上，你始終沒有直接給答案，所有的答案，都是他自己想出來的。為了順利展開這條問題線，你需要掌握以下幾個關鍵點。

第一，為了發散，預設更多的可能性。

比如：「你覺得現在可以嘗試哪些方法？」「哪些行動可以讓你達到這個目標？」

「在解決這個問題的時候，我們可以走哪幾條思路？」

第二，為了更多地發散，用「可能」帶著他越過障礙進行思考，而不是說「一定會有效」「一定會成功」。

比如：「如果你有足夠的資源，可能會奏效的方案有哪些？」

「如果你知道答案，那會是什麼？」

「我這裡可以給你什麼支援？」

「對這個事情可能會有促進作用的是哪些要素？」

第三，為了聚焦，需要引導他在眾多想法中做選擇，根據問題的性質，用不同維度來選擇。這次對話最重要的產出，不是籠統的觀點，而是清晰的行動計畫。

比如，如果是緊急的問題，聚焦的方式是「最迫切要做的是什麼事情」。

如果是時間維度大的問題，聚焦的方式是「最重要的是什麼」。

這樣，談話的結果不是創建一堆目標，而是激發出優先任務。

第四，為了讓這次對話產生更多靈感，記得要問到持續效應。

比如：「有哪些做法，可以讓你不斷地加強解決這類問題的能力？」

「如果你未來會不斷地遇到這種挑戰，你怎樣為自己減壓？」

「對於你剛剛提出的那些方案，你可以怎樣持續地實施它

們？」

作為管理者，學會這條「發散──收斂──持續」的開放式問題線後，下一步就是尋找並創造「可輔導時刻」。

凱斯西儲大學教授理查・博亞特茲（Richard Boyatzis）提出過，「可輔導時刻」是上司幫助下屬的最好機會，這些時刻是人們知道自己要「換擋」的時刻。比如：

接受了一個有挑戰性的任務；

回顧一個剛結束的項目；

生日；

部門有重大改變；

執行任務中遇到困難；

和同事發生糾葛；

在高強度、長週期的項目中的一個里程碑式的時刻。

在這樣的時刻，員工有最強烈的意願思考、嘗試、改變。

我的觀察是，很多管理者把絕佳的「可輔導時刻」白白浪費了。比如，年底做完績效打分之後，就匆匆發獎金了，都不說為什麼發。這一萬塊獎金，是因為他工作出色，還是給大家都發了，順帶給他發的？

「90 後」很需要這樣的「可輔導時刻」。他們有了問題，習慣上網搜索答案，搜索得越多，思考得越少。他們需要一位引領者幫助他們恢復思考能力，引導他向內尋找真正有意義的答案。

　　所以，現在的管理者，已經從過去的權威轉而扮演引導者，或者教練的角色。當你發現他的思路有問題，忍住，忍住，忍住，咬住舌頭，閉上嘴巴。伽利略說：「你不能教給別人什麼，你只能幫他發現他已經擁有的東西。」智慧只能從自己的內心中長出來。

　　你和下屬之間，有過這樣的時刻嗎？在咱們繼續探討管理者的輔導能力之前，我想先問你三個問題：

　　每個人本身已經具備成功所需要的天賦和職業潛力，你信不信？

　　擋在每個人成功道路上的障礙不是外界的障礙，而是自己頭腦中的對手，你信不信？

　　別人直接給的答案和指導，不管多麼明智，也經常會遭到你的抵制，你信不信？

　　如果你的回答都是肯定的，那咱們繼續下一步。如果你的回答是猶豫的，那麼嘗試把上面三個句子中的人換作你自己：

　　我本身已經具備成功所需要的天賦和職業潛力，對不對？

　　擋在我成功道路上的障礙不是外界的障礙，而是我自己頭腦中的對手，對不對？

　　別人直接給的答案和指導，不管多麼明智，也經常會遭到我的抵制，對不對？

　　這下都對的吧。

被譽為「現代催眠之父」的密爾頓‧艾瑞克森（Dr.Milton Hyland Erickson）一次幫助逃跑的馬回家的故事，讓我深受啟發。

有一天，他和弟弟妹妹在農場穀倉院裡玩，跑來一匹迷途的馬，這是一匹很高大漂亮的紅馬，牠彎著脖子，開始在水槽邊喝水。

弟弟妹妹們很不安，不知道如何對待這匹馬。小密爾頓決定做一次冒險的嘗試，帶這匹馬回家。可牠的家在哪裡呢？誰也不知道，這是一個不可能完成的任務啊。

只見密爾頓悄悄走過去，讓大家吃驚的是，他不是走到馬的前面去牽引，而是踩著水槽，輕輕爬上馬背。他在馬背上一動不動，耐心地等馬喝完水，然後揪住馬鬃，用膝蓋頂了一下馬，馬跑動起來。密爾頓緊緊伏在馬背上，任由馬奔跑。到了岔路口，馬遲疑了。密爾頓沒有催促，等著牠選擇方向，等牠選好了方向，密爾頓又用膝蓋頂一下牠，馬兒自己飛奔起來。

四小時後，馬兒回到牠的家。馬主人驚訝極了：「你怎麼知道牠住在這兒？」

密爾頓回答：「馬自己知道，我只是幫他專注趕路。」

別試圖控制那匹馬。每個人都擁有足夠解決問題的智慧，你不必告訴他怎麼做，而是應該幫助他看到多種選擇，然後自己選擇。當你忍住了擅自插手的衝動，你就成功地保留了他對工作的支配感，保全了他的自尊。否則，你覺得自己在幫他，他覺得你

在微管理。

好，現在你認同了「輔導優於指令」，你也學會了用開放式問題線去輔導員工。在實施的過程中，你可能會遇到兩個難點。

第一個難點是，有的員工特別精，你在使用引導技術時，他的反應是：「呵，想教我？沒門兒！」

我也確實見過教練技術用得不好的管理者，他不停地問下屬「還有呢，還有呢」，真的讓人抓狂。

為了不讓員工察覺到自己在被教練，你的方式要盡可能隨意、非正式，更關鍵的是，記得用「說、問、說」三部曲，而不是連續發問。在你問出每一個問題的前後，都要有一些陳述來緩衝。這些陳述可以是自我袒露，也可以是鼓勵、附和、回憶、閒聊、假設、開個無傷大雅的玩笑等。例如，「我覺得你已經找到解決方法了，是……對嗎？細節我還不太清楚，能再和我解釋一遍嗎？」或者「有些人可能對定價這一塊不大理解，你要怎樣解釋他們才能真正明白呢？」

比如你在指導一位銷售專員：「為了彰顯咱們的專業背景，我們需要給出客戶他自己無法獲得的資訊，羅列出他想不到的選項，同時，資訊一多起來，可能客戶會更緊張、更困惑。你認為可以怎樣做呢？」

他說：「嗯，第一步是羅列選項，第二步是提供一個最優選項。」

你點點頭：「贊同，這一定會提高客戶的購買便捷度。你能預測一下，客戶在聽到這個最優選項的時候，會問哪幾個關鍵問題嗎？」

這種發問的節奏就是合適的。

同時，為了不顯得過度引導，你可以在旁邊的白板上，圖文並茂地做記錄。

並且，你不需要每次都用一條完整的問題線去交談，你只需要把問問題作為你的習慣即可。碎片化的、偽裝起來的教練式提問，實踐起來效果更好。

比如，尋回記憶式的提問：「幫我回憶一下，上次我們開會確定的方案是什麼？」「這個客戶的特點是什麼？我記不大清楚了。」

或者，假裝忙碌地提問：「我上午有個電話會議，你先去想想，下午帶著兩個方法來找我，如果有難度，可以請教一下西蒙，他之前碰到過類似的困難。」管理者應該是員工的教練，時間長度和方式要非常靈活。

第二個難點是，怎麼引導，他都「茶壺裡倒不出餃子」，怎麼辦？

引導技術是一個喚醒他的潛力、抽絲剝繭的過程，不能保證每次都有成果。我從這三方面來建議你吧：

第一，你和他的每次一對一談話，聊什麼，儘量由他來定話

題，這樣他更有積極思考的意願。你可以說：「你看最近有什麼想和我溝通的，我下午 3 點到 4 點間很方便，等你哦。」

第二，在談話過程中，直接指導和誘導詢問的比例要根據他的能力來平衡。如果遇上經驗少、層次低的員工，你用代入的方式來分享你的知識，比如：「如果我是你，可能會考慮……」「我剛入職場時也遇到過類似的挑戰，當時我……」

第三，留出充足的時間，不能急於求成。否則，當他還沒給出你要的答案時，你可能已經下了判斷，還可能會急不可耐地中斷他的思考過程。「我太忙了」也確實是很多上司迴避這種談話的理由。但是，它值得你花時間。

用共創式的談話來督導工作，這對管理者來說，是一件難度高、但正確的事情。

話說回來，哪怕一次輔導談話沒有產出成果，它也能為你們建立情感連接。因為你相信，站在你面前的這個年輕人有思想、有智慧、有困惑、有失望。他不需要被拯救，只需要被引導。當他有困難時，你在那裡，你知道，你理解，你關注，你引導。哪怕沒有立刻產出方案，你的在場，就是很好的支持。

更重要的是，這樣的談話，能讓你們珍惜彼此。你不需要再去找更合適的人選了，站在你面前的這個人就是解決這個問題最合適的人。

他給我來了個彈幕式離職，好突然

> 員工離開公司不僅僅是因為錢。在排名上，金錢因素通常排第四名或第五名。排在前三名或前四名的，是開放式交流、對其所做工作的認可、職業發展機會以及在工作中能發揮的作用。
>
> ——保羅·法爾科納 (Paul Falcone) 美國人力資源專家

「90 後」是跳槽的一代。他們見面問的不是「吃了嗎？」而是「換公司了嗎？」

他們還喜歡「裸辭」。

「和這幫同事混在一起，沒意思。」

「天天做這些重複的事情，浪費人生、浪費青春。」

「離家太遠，通勤時間太長。」

有的理由很悲情：

「一線城市生活成本太高，我回家鄉去。」

「我很拼了，但沒得到我想要的，這家公司不值得我拼命。」

有的理由很「奇葩」：

「我爸媽讓我辭職的，工作太忙沒工夫找對象了。」

「餐廳飯太難吃。」

「9 點前和 6 點後大樓居然停空調，受不了。」

「廁所太髒。」

「Wi-Fi 信號實在差。」

「我想去西藏住兩個月，要賺錢，找了這份工作。現在錢賺夠了。」

離職的方式也一個比一個叫人膽顫心驚。

有的人一聲不響，驟然消失在天地間。

有的人委託同事告知。

有的人還過河拆橋，帶走一些不該帶走的資訊。

有個主管更是慘遭當頭一棒，他團隊裡八個人，過完年就只回來兩個，簡直是災難性的損失。

美國作家伊莉莎白‧庫伯勒‧羅斯（Elisabeth Kübler Ross）描述了人面對哀傷與災難時內心會經歷的五個階段，被後人廣泛流傳為「哀傷的五個階段」：否認 – 憤怒 – 討價還價 – 抑鬱 – 接受。

如果你的團隊裡有人離職，你的心路歷程大概是這樣的：

否認：「他怎麼可能這麼做呢？我對他那麼好！」「一定有什麼誤會吧？」

憤怒：「他怎麼可以背叛我？」「太不像話了！」

討價還價：「把這項目做完了再走，怎麼樣？」

抑鬱：「辛辛苦苦培養的人，總歸是要走的，這管理工作有什麼意思。」

接受：「行，既然我沒辦法改變他的決定，那好聚好散。」

這樣的心理活動，不一定按特定順序發生，你也不一定會經歷當中的所有階段，但至少會經歷其中的兩個階段。你要成為一個抗挫折能力強的管理者，就要儘快走到最後一個階段。因為到達這個階段後，有一些重要事情要做。

為了讓你迅速地到達「接受」階段，我們來分析一下「90 後」的高離職率現象背後的原因。

從時代背景上看，歷史學家尤瓦爾‧赫拉利（Yuval Noah Harari）說得對：「21 世紀沒有穩定這回事。如果你想要有穩定的身份、穩定的工作、穩定的價值觀，那你就落伍了。」隨著終身雇佣制的企業幾近消失，員工和同一家公司綁在一起的時間將越來越短。

從人群特點來看，「90 後」看過世界，信奉 YOLO 哲學（you only live for once）。他們不僅在網上時刻觀察這個世界，還在親身體驗這個世界。在擁有護照的中國人中，三分之二不滿 36 歲。中國是全球最大的出境旅遊市場。他們的購物習慣從「搜索式」變成了「種草式」。因為越來越知道自己想要什麼，他們永遠不放棄尋找新的「草」。所以，他們的離職不是叛逃。

　　瞭解過這兩大原因，你應該更能接受下屬的流動性。德勤會計師事務所（Deloitte Touche Tohmatsu Limited）對千禧一代和 Z 世代（1983-2002 年間出生）的人群做的最新調查顯示：有選擇的話，他們當中近 50% 的人會在未來兩年內辭職。

　　其實，真正地衡量領導力的一種方法，不是看整體隊伍的流動性，而是看最優秀的人有沒有走。最優秀的人，不是追逐金錢，而是追逐成就感。只要他們還在，你的組織就是一個健康的組織。

　　既然不知道他什麼時候會離開，知道了也沒有辦法阻止他離開，那麼，我們就接受吧。接受之後，請透過下面這三個步驟，幫助公司從員工的離職中獲益。

　　第一步，用集體歡送化解雙方的不安和防範。

　　安排大家聚一次，並送上歡送禮物，比如一張簽名祝福卡，或者印有每個人卡通頭像的茶水巾，或者用團隊照片做的小視頻。把過往的歡樂和成長沉澱在這份禮物中，這是一個有情有義的道別。離開沒關係，再見時還是朋友。

　　第二步，努力尋找到他離職的真實原因。

　　只有極少數的人是因為「錢太少」而離開。畢竟，同行業同職務的薪水標準在業界都是公開的。那麼他離職的真實原因是什麼呢？你可以問不同的人，包括他本人、和他處得好的同事、公司裡的人力資源經理。你還可以在不同的時間問，比如他離職的

當下，如果當時去問太敏感，你可以等到他離職了一段時間以後去問。就像一個膿包，把它捅破，組織能更快地恢復元氣。

比如，騰訊發現入職滿 3 年的員工的離職原因是一線城市生活成本太高，於是在 2011 年，開啟安居計畫，為首次購房的員工提供免息貸款。

類似的還有星巴克，他們發現在中國員工的生活成本中房租占比很高，於是宣佈額外給予中國區員工住房津貼，相當於員工租房金額的 50%。

第三步，和離職的這位下屬，聊一聊。

沒有人會推掉一個有意義、有回報的就業機會，尤其在經濟下滑的今天。他把自己的黃金歲月、最好的時光留在了公司，他臨走的時候，應該獲得一次真誠的交談。

在交談中，你的身份不是上級，而是朋友。你們今後的情感連接，不是對公司的忠誠，而是彼此的友誼。

在交談中，你主要表達三個意思。

欣賞：細數他的過人之處和他做出的成績。你相信他在這家公司的經歷，能助推他之後的成功。也許你會說：「他並不擅長手頭上的工作呀。」但你信不信，他很有可能在後來的職務上表現出色。所以，從你對行業的全域視野出發，告訴他最適合發揮自己潛能的方向。注意，他的缺點就不要提了。

羨慕：年輕人可以縱情揮霍歲月，可以在不斷變化的世界中，

尋找心之所屬。這難道不值得你羨慕嗎？

協助：分享你的行業資源，告訴他，不管你以後在哪家公司，你期待和他還有交集。所謂山不轉路轉，路不轉人轉，轉來轉去都轉不出這個行業，這是一個小世界，你們彼此都是對方在這個行業裡的長期人脈。

這樣的交談，能預防他的破壞性行為，並讓他高高興興地做好工作交接，把他手頭上的客戶資源、職場經驗，移交給下一位。

員工的突然離職，對公司來講是一次失敗。不過，如果我們處理得好，就可以從他的離職中獲益。著名的湖畔大學，不講成功經驗，而是研究失敗教訓。據說馬雲計畫等阿里巴巴犯錯足夠多的時候，寫一本書，叫作《阿里巴巴的 1001 個錯誤》。

不要怕員工離職，有信心的公司會反守為攻，比如美捷步，他們甚至獎勵提出辭職的員工，給他 2000 美元。為什麼？他們用這個行為在向所有員工發出資訊：「我們的資源將集中在不僅僅為錢而留下的員工身上。」

員工有權保持靈活，不斷接觸新機會。同樣，公司也有權保持靈活，不斷接觸新人才。因為公司的業務會變化，面臨的挑戰在變化，需要的人才自然也在變化。如果老員工對新工作沒有興趣，或無力勝任，果斷分手對雙方都有益處。公司不需要為了保持低流失率，而失去在商業世界裡向上發展的機會。員工也不需要為了忠誠，而失去自身職業發展的機會。

我給他空間，
他卻鑽漏洞

> 管理「3%」會降低其餘「97%」的工作投入度，從而大量增加公司的隱形成本。
>
> ──布萊恩・M・卡內 (Brian M.Carney) 艾薩克・蓋茲 (Isaac Getz)

　　管理講規則。為了「方便管理」，你頒佈了一系列規則。比如禁止上班時間登錄外部網路，上班時禁止打私人電話，請客戶吃飯有嚴格的用餐標準等。

　　隨著管理力度的加大，規則越定越多。員工開始視而不見，或者想辦法鑽漏洞，他們和規則玩起了捉迷藏。上班時間不用電腦上外部網路，改用手機上網；上班時間不打私人電話，發私人短信；這次的客戶餐費超標了，分成兩次報銷嘛。

　　這些違規操作慢慢成了習慣動作。這時，規則顯得很愚蠢，也讓遵守規則的人顯得愚蠢。可怕的是，規則扼殺了士氣。一個高績效者常常因為規章制度受到限制，怕因為不遵守政策而惹上

麻煩。

在訪談中，我發現，最讓「90後」受不了的是冗長的上報機制、審批流程。「90後」注重即時，他們成長於一個即時的時代，哪怕相隔再遠，也能做到即時連接。在工作中，他們難以忍受回應遲鈍，一個即時的回話，哪怕是「不」，也比等待許久之後的「是」更爽快。

一家公司裡例行公事的程序越多，越讓人氣餒。有的公司要求員工每週匯整上交與客戶的所有互動過程的記錄，或者詳細解釋每一次出差的每一筆開銷。這些瑣事耗時耗力，員工沒有時間去做更重要的事情了。如果公司沒有便捷的系統來記錄員工的行為，光靠員工自己整理資訊，非常低效，同時也不能保證資訊的真實性。這種過分詳盡的行為報告也讓員工感覺受到了密切監控。

相反，有些公司的年輕人眼中閃著光地告訴我：

「上司讓我自己直接在系統裡提交報銷表格的一瞬間，我有被信任感。」

「當上司給我那張信用卡，告訴我可以自己選擇購買辦公用品時，我被觸動了。」

你給過員工這樣的信任時刻嗎？你信任他們嗎？你徹底地信任他們嗎？信任這個東西，正如《馬太福音》中所說：「凡有的，還要加給他，叫他有餘。」

那麼我們該如何正確地制定規則呢？分以下三個步驟。

◉ 第一，摒棄過時的規則

團隊文化是一個生命體，它是發展的故事。於是必定有過時的規則。比如公司過去的規則是，大家要打卡上班。現在公司業務的地理範圍大大擴展了，通信設備和平台升級了，打卡上班這條規則可能過時了。

時代變化得越快，就越講究人治，因為所有的法治自帶「滯後性」。美國前總統傑弗遜曾說：「沒有一個社會能夠制定一部永久性的憲法，甚至一部永久的法律。地球始終屬於活著的這一代人。」

在公司裡也一樣，不會存在永久性的規則。點融網創始人郭宇航認為：「規則從誕生的那一天起，就開始過時了。」規則真的是能夠解決一切問題的不二法門嗎？規則隨著環境的變化而變化。你要做的是掌握規則變化的節奏，不讓它變得太快，以保持它的嚴肅性。

所以，人治的空間一直都在，並且環境變化越劇烈，這個空間越大。阿里巴巴有刷臉文化，只要目標是遞交最佳工作成果，員工可以打破規章制度的侷限性，解放自己的創造性。

⊙ 第二，制定盡可能少的規則

如果要有規則，那也是越少越好。

塞氏公司（Semco SA）是巴西最大的貨船及食品加工設備製造商。他們有著名的三條法則：

第一條給員工：晚上 7 點前所有人必須離開辦公室；

第二條給老闆：給員工最大限度的自由和權力；

第三條給所有人：審視所有的規章制度，大把大把地扔掉它們——取消門衛例行檢查；取消考勤制度；取消著裝制度；不為高層保留車位，先來先停。

這家公司營業額在十年內從 3000 多萬美元，躍升到 2 億多美元。這個案例也成了七十六所商學院的教學案例。

通用電氣公司的首席執行官瑪麗・博拉（Mary Barra）將以前的 10 頁著裝要求改為僅僅 4 個字：正確著裝。她認為，如果被雇來的員工連什麼是正確著裝都不清楚，那說明他根本不能勝任自己的職務。在通用電氣公司，員工休病假的天數不做規定，這反而能讓員工沒有壓力地儘快好轉。

按照葛蘭素史克公司（Glaxo Smith Kline）高管的建議，每增加一條企業新規，就必須刪掉兩條舊的，否則規則越積越多，越來越官僚。

如果你擔心規則太少，公司會變得混亂。戈爾公司（W. L.

Gore & Associates）一直追求建立自由企業，他們認為真正起效果的是自律，而不是他律。為了防止混亂，他們只約定「水線」原則。如果某項決定重要到會有「沉船」危險，員工則需要諮詢上司或專業同事，比如涉及大筆財政支出，或安撫 VIP 客戶。

　　類似的還有阿拉斯加航空，他們分析公司業績下滑的原因是官僚作風讓員工綁手綁腳，從 2014 年到 2015 年，他們找回了一線員工自主裁決的文化，與此同時，公司設立了自主裁決的邊界。比如，是否可以因一位乘客返回航站大樓尋找遺落物品而延遲起飛，這由一線員工決定。不過，是否可以為其他乘客提供延誤補償，這由公司決定。

⊙ 第三，頒佈規則前先達成共識

　　請檢查一下，你們公司的規則是不是在已經取得了所有人的共識之後再頒佈的？

　　美國憲法是一套很有價值的規則，它讓美國崛起，成為一個超級大國。有些國家渴望將這套憲法移植過去使用，比如賴比瑞亞、菲律賓，但都不成功。所以清華大學法學院的劉晗老師說：「一套好規則的本質，不是那些制度設計本身，而是最最核心的那一點共識。」

　　新加坡是一個有著 30% 外國人口的國家，近年來，政府發

現新一代的公民不再盲從，大家質疑和繞開規則的現象有增多趨勢，於是新加坡政府機關公共服務部（Public Service Division）比以往任何時候都更重視共識，政府不再單純傳達政策，而是盡可能地與 100 多個政府機構代表一起制定政策，組織焦點小組尋求來自不同背景的人的回饋。

作為公司的大主管，尤其需要慎言。臉書的首席運營官雪麗・桑德伯格（Sheryl Sandberg）很不喜歡開會時用 PPT，她希望大家有更多互動討論。有一次，她聽完一個超長的簡報說明後，終於受不了了，說「No PowerPoint presentations，ever」（不要再用 PPT 演示文稿了），結果大家解讀為公司上下都不能用 PPT，包括在客戶拜訪中也都禁用了，這造成了員工敢怒不敢言。她發現後，馬上做了道歉和澄清，說明這只是她個人的傾向。

規則制定好之後，你還需要給大家一些打破規則的空間。在以下兩種情況下違反規則不應受到懲罰，反而應該受到鼓勵。

一、打破規則的成本，低於遵守規則會付出的潛在成本。

VIP 客戶上門赴約見老闆，可老闆遲到了三十分鐘，客戶不太爽，秘書當即到樓下買了個巧克力禮盒，在客戶離開時送給他。秘書並沒有按照流程先獲得預算再去購買，她這個行為受到公司的鼓勵，進而成為常規做法。有重要客人到訪時，秘書備好精美的糕點，讓客人等待的時候比較好受。客人臨走時，秘書還會把糕點包好送給他。

一個工人發現餐廳一側有一條電線露出牆縫，餐廳地面很可能有水漬，引發漏電。他第一時間找電工緊急維修，不巧當天是假日，他們的合作商休假。這位工人私自決定用雙倍的價格從另一家供應商找來電工，解決了這個問題。

記得我有一次去騰訊講課，通行證出了問題，我進不了大樓。情急之下，接待人員破例幫我辦理了一張臨時員工證，他快速有效的反應讓我順利到達教室，按時開課。

你看，當我們取消不必要的流程和政策後，可以節約很多內耗成本。每個人的速度都比原來快了，大家做事情開始真正用腦子了。相反，繁文縟節讓員工感到不安，讓他們更不安的是公司質疑他們的誠實。結果，你需要重新和他們建立信任，這種花在信任建設上的成本，雖難以量化，但足以讓你和他心中的理想老闆拉開一大段差距。

二、打破 B 規則，是為了更重要的 A 規則。

規則服務於公司的文化價值觀。有效的文化價值觀是有順序的，所以規則也有順序。最高規則是引導大家做原點思考的規則。

梅奧醫學中心（Mayo clinic）堅持「患者需求至上」。當對於該不該打破既有規則，梅奧醫學中心前首席執行官雪麗・維斯（Shirley Weis）常問的一句話是：「這樣做，對患者好嗎？」如果回答是「對」，那麼規則可以破。

　　最後，我們重申，規則的制定永遠是為了被遵守的，而不是為了被打破的。當你發現有個別不自覺的員工鑽制度的漏洞、不守規則時，請嚴厲地懲罰，借此機會，清除「老鼠屎」。就像阿里巴巴的月餅門事件一樣，當事人甚至丟了工作。但這些破壞規矩的人一定是少數，你不需要放大特例，進而頒佈更多更細的制度，這樣你就掉入了規則的陷阱，這種做法被查帕拉爾鋼鐵公司（Chaparral Steel）的前首席執行官戈登・福沃德（Gordon Forward）描述為「只管理 3%」。

　　你要相信那 97% 的員工，這和網飛那句著名的話「我們只招成年人」不謀而合。不管是哪家公司、哪個團隊，人群都呈正態分佈，公司裡心智健全的成年人占絕大多數。他們需要信任，需要空間，他們不應該受那些少數的不成熟者的牽連。3% 的人不守規矩，這黑鍋不應該由 97% 的人來背。好的管理是以信任為主，以監控為輔。公司的重心不是教導不應偷盜、不應遲到、不應撒謊，公司的重心是為成年人賦能。

　　這是一種樂觀主義。樂觀主義可以成為自我實現的預言，它是管理者手中的一張無法證實其神奇力量，但能對抗一切挫折和黑暗的王牌。

給他

CHAPTER 4

團隊越來越忙，卻日漸才思枯竭，力
不從心；公司的任何風吹草動，都讓大家
的焦慮蔓延；新人總是無法盡快獨當一面，
老員工也無法承擔更大的責任，這些跡象
表明，他們急需「支持」，它包括技能上
的支持和情感上的支持。管理者彎下腰，
融入他們，讓他們一回頭就能獲得輔導和
回饋，管理者要挖掘集體智慧，在同級間
建立互相支持的體系，搭好共用平台，讓
一切有價值的資訊、經驗、知識流通起來。

支持

鞏固團隊凝聚力

「羞辱文化」out 了，
用「內疚文化」激發自我驅動

> 人們往往不是在覺悟之後去創辦企業的，而是成功創辦一家
> 企業往往需要覺悟者，並且往往是社會學和心理學層面上的覺悟
> 者。
>
> ——包政 著名企業管理咨詢專家

「70 後」的追求是：「不要再過窮日子。」「80 後」的追求是：「爭當第一。」「70 後」和「80 後」見證了奮鬥的力量，中國在這兩代人的奮鬥中，以不可思議的速度和規模在世界之林中崛起。這兩代人保持著奮鬥的慣性，繼續積累財富。

中國的「90 後」以及美國的嬰兒潮一代，被稱作 Me Generation（「我」世代）。他們的追求是：「做自己，對得起自己。」

「70 後」和「80 後」非常熟悉羞辱文化。羞辱文化是靠制度來管理，遵守制度的人獲得獎賞，違反制度的人受到懲罰。但是，羞辱文化在「90 後」身上不起作用。羞辱和貶低是一對兄弟，「90 後」信奉的是強者文化，強者豈能被貶低？

　　是時候用內疚文化取代羞辱文化了。內疚文化是靠人來管理，這個人不是其他人，就是他自己。

　　不是「被看不起」，而是「對不起自己」；沒有達成目標時，不是千夫所指，而是自己認為是大污點。

　　要用內疚文化激勵他自我驅動，管理者的工作就變成了：讓他幹自我實現的事，給他足夠的支持和信任，並毫不猶豫地分他該得的那份酬勞。剩下的事情，你不擋路，不插手。

⊙ 讓他幹自我實現的事

　　「每天我一進辦公室，看見那一個個隔間、一張張背影，聽見那一陣陣敲鍵盤聲，我就胸悶。」

　　但同樣是隔間，同樣是敲鍵盤聲，有的人卻能產生追求卓越的衝動。表面看上去都是池塘，有的池塘裡的魚兒在自由遊動、自由生長，而有的池塘裡的魚兒卻只想跳上岸。

　　一定是有些公司做對了某些事情，讓奮鬥成了一個自然的結果。年輕人有「奮鬥」精神，這不是公司的目標。公司的目標是：做對關鍵的事情，讓奮鬥成為一個自然的結果。

　　管理層首先要做的是：為他建立一個工作的內部系統，在這個內部系統裡，他知道自己擅長哪些事情、哪些重要、哪些要堅持、哪些可以放棄。公司對他的各種要求僅限於外部系統。高成

就的人，從來不靠外部系統驅動。

　　「幹一行愛一行」這條建議早就從年輕人的字典裡刪掉了。為了釋放生命的價值，這條建議的成本實在太高。我和平安集團合作時，發現他們的國際銷售部的上司掛在嘴邊的一句話是：「告訴我你的優點。」他不斷地鼓勵年輕人找到並表達出自己的優勢。他利用下屬不同的特點，用優勢，避弱勢，幫助他們選擇和服務不同的客戶群。

　　西貝蕎面村的董事長賈國龍被下屬評價：「在老闆眼裡，沒有『能用什麼樣的人，不能用什麼樣的人』。發現一個人身上特別突出的一點，他會馬上抓住，放大。當把你的長處推到巔峰時，那是他最喜悅的時刻。」

　　為什麼一定要這樣做呢？紐約大學神經學教授約瑟夫‧勒杜（Joseph LeDoux）研究人的智慧增長方式後得出結論：「新增突觸連接就像樹枝上長出新芽，而不是長出新樹枝。」也就是說，人對於自己強項區的知識學得最快。

　　所以，讓員工在職務上從事自己擅長的事情，他的成長速度是最快的。並且，員工之後的成長，也要緊緊圍繞著優勢。

　　比如，職場上人人都會遇到溝通挑戰，這種挑戰沒有唯一的解法。當他從大腦中神經元和突觸連接最密集的區域，也就是自己的強項區或舒適區尋找解法，更容易產生心流，也能更快地成長。

也就是說，一個擅長創新的員工，他的學習計畫可以圍繞創新，學習如何用創新的思路找出溝通困境中的第三選擇。一個擅長理性思維的員工，他的學習計畫可以圍繞推理說服、如何做談判式溝通。

這就是讓他幹自我實現的事，圍繞他的強項區和舒適區開展工作，並不斷精進。

於是，優秀企業的招聘方式也變了，不再是：

部門內空出了職位，報到人力資源部，人力資源部定好薪資標準，發佈招聘資訊，安排筆試面試。過去招聘的目標是，找到一個能直接上任的人，最好是之前做過一模一樣工作的人。

而是：

隨時隨地都在招聘。還沒有現成的空位，我先找來能用的人才，他身上的技能包可以重新組合，以用在不同的情境中。

這就是用人的新趨勢。

⊙ 讓他成為一個有完整軟技能的社會人，實現職業化

到底什麼是職業化？它指的是熟諳那些普通人不懂的術語嗎？或者，雷厲風行的辦事節奏？或者，像辦公大樓裡其他白領那樣有精緻的穿著打扮？

都不是。

職業化的另一個名字，就是社會化。

18 歲到 25 歲這個年齡段，是人生最困難的時期，它被稱為「成年初顯期」，也就是「正在形成的成年期」（Emerging adulthood）。這代年輕人的「成年初顯期」來得更晚，持續得更久。因為他們在學校裡待的時間更長，有些女性的結婚生育時間更遲，還有年輕人選擇和父母住在一起。他們不停地推遲社會化的到來。

這便出現一個問題，年輕人走入職場不是因為他們準備好了，而是因為他們從學校裡「被畢業」了。

所以很多圖方便的企業喜歡從同業那裡挖掘人才，因為這樣的人已經完成了職業化。但不管怎樣，在初級職位上，仍然會湧進還未被職業化的應屆畢業生。

公司怎樣幫助年輕人實現職業化，變成社會人，順利度過「成年初顯期」而自信地邁入「成年期」呢？硬技能的培訓實現不了，公司要更注重授予他們軟技能。

很多短視的企業對新人的培訓僅僅是教他在工作開始之前要掌握的勞動技能，而忽略了軟技能。解決問題的能力，有效溝通的能力，收集資訊、分析資訊的能力、同理心，全盤思考的能力，這一切全是軟技能。

軟技能在他的整個職業生涯中會多次被用到；軟技能可以遷移，也就是員工換職務的時候可以帶走轉移到別的職務上去。在

短期的業績壓力越來越大的環境下，能用這種長期主義來培養員工的公司，展現了難得的胸懷。在這樣的公司裡，當上級把壓力傳遞給下級時，因為是在一個培育的環境裡傳遞壓力，壓力就是動力。

一篇名為《培養軟技能的彙報》[1]的文章指出：教授印度製衣工人時間管理、溝通技能的教育專案，獲得了 250% 的回報。這個回報不僅體現在製衣工人的效率提升上，還對生產線上的其他工人產生了積極影響。

硬技能主要靠老員工教，軟技能靠引進高品質的課程。西貝蓧面村的董事長賈國龍經常用集體學習來構建組織能力。注意，是集體學習，不是高階主管學習再傳授。如果是後者，時間一久，管理層和員工的認知落差會越來越大。為了讓員工保持積極的學習熱情，賈國龍從來不買一般普通的課程，他說：「學習一定要高配，比如一級員工通常學一天 300 元人民幣的課，你給他報 3000 元人民幣一天的，他怎麼能不學呢？」

說實話，他的話讓我這樣的企業培訓師為之一振。

高品質的培訓，整個過程充滿樂趣。同樣的課題，甚至是同樣的課程大綱，因為培訓師的演繹水準和控場能力不同，會上出完全不同的效果。不要為了省錢，去找平庸的課程。很多不必要

1　《培養軟技能的彙報》：阿丘塔・阿德瓦留（Achyuta Adhvaryu），那姆拉塔・卡拉（Namrata Kala），阿南特・尼沙達姆（Anent Nyshadham）合著。

的日常開支可以省，但不要在高品質的培訓上限制資源。這是一種價值成本衡量 (trade-off)。其他成本可以做減法，培訓成本不能做減法。

美國前總統哈利・S・杜魯門（Harry S.Truman）說：「只要你不計功利，就能做成任何一件事。」具體到職場上，你可以把現有生產力轉變為發展潛力，並擺脫對過往經驗的依賴，帶著團隊開創未來。

⊙ 用超出預期的信任，實現他的自我管理

內疚文化是讓員工自己管理自己的文化。

我在和滴滴的管理者聊時，他分享了一條在他管理生涯中屢試不爽的方法：「給的總比員工要的多。」當員工為了完成某個任務找你要資源時，你多給一點。他要 90 分資源，你給 100 分資源，他會付出 200 分的努力去保證實現目標。這多給出的資源，便成功地管理了你對他的期待，同時管理了他對自己的期待。

一家名叫「尊氏威爾香腸」的公司負責人拉爾夫・斯特耶曾在《哈佛商業評論》上撰文分享經驗。他寫道：「責任不是給予的，人們必須盼望它，想要它甚至要求得到它。」他的公司利潤一直很高，外界認為這是一家成功的公司，但他要讓員工感受更

好，煥發更多的活力。

於是他更大膽地放權：香腸製作者來代替主管品嘗香腸，他們來負責品質控制，他們來改進產品及包裝。角色也變了。「雇員」「下屬」成為組織的「成員」，「經理」成了「協調者」。

「人們總是請我為他們做決策，我不但不回答，還反過來向他們提問，讓他們收回問題。」隨著時間的推移，成員們得到了越來越多意料之外的決策權，這家企業越來越成功，在快樂中成功。

如果把任務給他，卻不給資源和權力，他仍只是一個執行者，不是一個自治者。你在給出資源和權力的同時，也交出了一份責任。多給出的資源，實質上是多給的一份責任。這份責任會讓他盡一切努力，使出所有智慧將工作辦得漂亮，甚至催促上司、得罪上司也在所不惜。

浦發銀行的人力資源經理告訴我，他們 2019 年有兩個大動作。第一個動作是後備幹部儲備人才庫全部只提名「90 後」年輕人。他們從各部門被提名上來，經過指導、培訓，半年後，透過考核，進入管理層。第二個動作是從應屆畢業生中招 MA（Management Associate 儲備幹部），兩年後這些 MA 成為管理骨幹。公司還從未有過對年輕人如此大膽的信任和全權交托。

《海底撈你學不會》中描述的一幕，讓我很有感觸。2009 年，海底撈董事長張勇去北京大學給讀工商管理的研究生上課，一個

學生問：「如果每個服務員都有免單權，會不會有人濫用權力給自己的親戚朋友免單？」

張勇沒有直接回答，而是反問他：「如果我給了你這個權力，你會嗎？」

全教室 200 多個學生，一片寂靜。

沒錯，人性有善有惡，人心裡住著一個魔鬼、一個天使。管理者要做的是，將天使釋放出來。用彼得・德魯克的話說：「你不可能真正激發一個人，你只能給他一個理由，讓他來激發自己。」

◉ 讓他拿到足夠的利益

如果沒有分利，就不要談分權。尤其對於工程師和產品經理一類的關鍵職位，薪資是幹出成績了再給，還是當個賭注先給，體現了企業是斤斤計較，還是相信這個人有無窮潛力。薪資，體現了企業對於員工價值的預期。

在分利方面，華為是典範。華為在大度地分享利益之後，才會對員工談狼性文化。否則一群餓狼不會有任何狼性。

首先，確保所有員工基線報酬充足。

丹尼爾・平克這樣定義基線報酬：「代表基線報酬的是工資、勞務費、福利以及一些額外收入。如果一個人的基線報酬不足或

171

者報酬分配不公，他的關注點就會放在所處環境的不公和對環境的焦慮上。」在這種情況下，什麼激勵手段都不起作用。

其次，厚待明星員工，按照他們給本公司帶來的價值付薪。

按照網飛的經驗，不要總是參考薪資調研，那些調研用的都是滯後的資料。識別出明星員工，將高出市場平均水準的薪酬付給他，讓他感覺到自己的個體價值被你認可。

網飛的管理層相信：「如果你有意招聘你能發現的最佳人選、給他們支付高薪水，你會發現，他們為業務增長帶來的價值總是會大大超過他們的薪水。」

這一代年輕人不懶也不笨。福布斯做的調研，67% 的千禧一代選擇艱苦創業，13% 的人選擇攀爬職業階梯。創業的那些人哪怕失敗了，他們的智勇水準在這個過程中也會大幅提高。

激勵這樣一群不懶也不笨的年輕人，我們需要一套新的解釋框架。用辯論高手黃執中老師的話說：「要影響他人，最重要的不是提供資訊，而是提供『解釋框架』。」老的解釋框架是：「你達不到我們的期望，我們要向你問責。」新的解釋框架是：「一切都是你自己定的，你可以拿到一切你想要的，如果沒有拿到，你怎樣看自己呢？」

從強加指責的解釋框架，轉為誘導自省的解釋框架，這就是內疚文化。內疚文化不是「讓他不高興」，而是「讓他不好意思」。它比羞辱文化更難形成，但值得嘗試。就像羅馬皇帝瑪律

克‧奧列里烏斯‧安東尼‧奧古斯都（Marcus Aurelius Antoninus Augustus）說的那樣：「沿著正確的道路緩慢前行，好過朝著錯誤的方向盲目疾走。」

玩樂中高互動，
開會時低能量

> 由多種多樣的問題解決者組成的小組，擁有不同的工具，他
> 們總是會優於清一色地由最好的、最聰明的問題解決者組成的小
> 組。
>
> ——斯科特・佩奇 (Scott Page) 密西根大學教授

專案遇到瓶頸，你召集大家一起動腦來應對困境，結果一個不小心，群英會變成了爭論會。

你走進團隊的例會當中，真誠地說：「各位暢所欲言。」回應你的是一片靜悄悄，或是幾個捧場式的口是心非的發言。你對下屬說：「咱們一塊兒商量團建怎麼搞。」他們敷衍了一陣兒，私下裡悄悄說：「反正都是上司說了算。」

你與其抱怨下屬開會時能量低，不如檢測一下自己的領導力當中的一個很重要的指標——會議領導力是否達標。

首先，仔細分析一下大家沒有動力參與會議是什麼原因，你可以嘗試從這兩方面來尋找：

第一個原因，他們想，「這事兒我有發言權嗎？最終還要過上司那一關哪」。所以，你需要明確他們的權力空間，消除他們對授權的困惑。怎麼辦呢？我給的應對方法是上下階梯法。

第二個原因，他們覺得，「又來討論了，這個問題都討論100次了，煩不煩」。這個時候，你需要引導大家從新的視角來思考這個老問題。怎麼辦呢？我向你推薦「How might we（我們可以怎樣）」提問法，讓老問題有新思考。

這兩個方法都是 IDEO 公司的開會工具。

下面咱們來具體講講。

⊙ 上下階梯法

這個方法能消除他們對授權的困惑，讓他們知道，對於討論的這事兒他們有發言權。

舉個例子，你召集銷售團隊來開會，你給出的初始議題是「給出報價後，我們怎樣能確保得到客戶的回應」。請你先在大白板的中間寫上初始議題，然後，往上畫兩級空白階梯，這是 why（為什麼）的階梯，引導大家說出這個議題的價值，也就是邀請大家連續回答兩次 why。

「為什麼要確保得到客戶的回應呢？」——是為了「獲得更大的成交量」。

「為什麼要獲得更大的成交量呢？」──是為了「讓公司盈利」。

下一步，階梯該往下走了。你在初始議題的下方，畫兩級空白階梯，這是 how（怎麼做）的階梯，引導大家把議題拆分得更具體，也就是邀請大家連續回答兩次 how。

「為了得到客戶回應，我們要怎麼做？」──我們可以「讓客戶覺得占了便宜」。

「為了讓客戶有佔便宜的感覺，我們要怎麼做？」──我們可以在價格不變的情況下，「給客戶增加服務」。

階梯畫完了，一個議題變成了五級階梯、五個議題。投票選出最佳議題，這就是從發散到收斂。選出的這個議題要得到在場主管的認可。

如果大家投票選出來的議題是「如何獲得更大的成交量」，那麼馬上和主管確認，員工是不是有自由報價的權力，如果有，這次討論非常活躍。如果主管表示，大家沒有自由報價的權力，那對本次討論更有意義的話題可能是「如何讓客戶覺得占了便宜」。當然，在場的主管可能就是你本人。

你發現了嗎？這個方法能幫你找出房間裡的大象，也就是表像下隱藏的敏感要素，如果你要讓一次討論真正有效，大家就必須有機會說一說那些「不能討論」的事兒，如果這個事兒沒有明朗化，這次討論也很難明朗化。

知道自己在什麼範圍內有發言權，這是開放思想的前提，也能讓大家真正在乎起來。成功的討論都是在足夠在乎的人群中產生的。

在上下階梯法中，如果問題太宏大，很難讓所有人同步，比如「如何讓公司盈利」，這個和開會的銷售團隊相關度不大；如果問題太具體，可能會限制思考，比如，「如何給客戶增加服務」這個議題可能會限制大家的思維。因為「讓客戶覺得占了便宜」有很多方法，除了給客戶增加服務外，還有給客戶對照品，透露已成交的更高價等。

好，下面跟你說說使用上下階梯法的注意事項。

第一，這個方法特別適合某個項目在進展中被卡住的時候。與其大家一窩蜂地發言，不如所有人往後退一步，評估一下此時要討論的重要議題到底是什麼。這個方法也很適合團隊剛剛接到新任務時的熱身討論，它可以讓所有人都在同一個頻道上發力。

第二，哪怕是基層開會，也不要忽略往上走的那兩級階梯，向上的方向讓大家覺得今天的討論和一個更大的藍圖相連，於是產生思考的動力。

第三，從初始議題開始，可以向上、向下畫出好幾級不同的階梯。最終選出來的也有可能是中間那個初始議題。

第四，請畫出真正的階梯，上有白雲，下有道路。當有實物圖時，人們更能時刻意識到他們是否在同一個層級討論；而能邊

畫圖邊組織討論的人，看上去充滿智慧的氣息。

第五，你作為主持人，要相信這群人就是對的人。教你一句團隊引導師在開會前的祈禱詞：「此時此刻在這裡的這群人就是最適合討論這個議題的團體，這個團體具備處理他們所面對的問題所需要的智慧，他們正在對的時機處理正確的問題。」

⊙ How might we 提問法

這個方法能讓老問題有新思考。我想沿用英文的原文：how might we，意思是「我們可以怎樣」。

第一個單詞 how，「怎樣」，我們來討論手段和方法，不討論別的。

第二個單詞 might，「可以」，不是 will（將要），也不是 should（應該）。這個 might，表示虛擬——不一定之後真的有辦法。你不需要糾結「做得到還是做不到」，不需要急於查看自己的工具包裡有什麼，因為這個階段我們只考慮 might，只提出問題，下一個階段才考慮解決問題。這就是先發散、再收斂的嚴格分段。

第三個單詞 we，「我們」，不是「我」。這是一次共創。

我們假設這樣一個情境，因為團隊的專案多次錯過截止期限，你決定安排一次討論。這個議題在團隊內已經提出過很多次

了，實在不是一個讓人興奮的議題。

這時，你可以啟發大家在這個背景下，從不同角度重新提問，也就是在 how might we 後面填空，把句子補充完整。老問題是：「我們怎樣可以避免錯過截止期限？」用 how might we 提問法收集回來的問題可能是「我們怎樣可以在截止日期到來之前給每個人清晰的預警」；或者，「我們怎樣可以做到提前遞交」，或者，「我們怎樣可以讓延誤交付日期的人深感愧疚」；或者，「我們怎樣能完美地預測任務的難度」等。

接著，大家投票選出最值得討論的問題。這又是從發散到收斂。通常被選出的問題，是讓所有人都躍躍欲試，並有能力貢獻智慧的那個。

再來個例子，背景是：大家反應辦公空間不夠用。用 how might we 提問法收集上來的問題可能是：「我們怎樣可以在辦公室裡工作時發揮更高的工作效率」；或者，「我們怎樣可以讓公司的每一寸空間都得到最大化利用」；或者，「我們怎樣可以在一屋多人的時候做到互不干擾」等。

不要小看這個方法。這個方法幫助了很多企業獲得突破性成功。

比如，聯合利華公司（Unilever）曾遇到一個困境：在印度沒有市場基礎。他們將提問方式從「我們怎樣可以在印度鋪開零售網路」，變成了「我們怎樣可以讓當地婦女成為我們的推銷

員」，繼而使在印度的銷售額取得穩步上升。

當樂高受到電子產品的衝擊的時候，他們將提問方式從「我們怎樣可以重新贏回市場份額」，轉變為「我們怎樣可以讓遊戲扮演它最本真的角色」。之後一切豁然開朗，他們透過從使用者中收集到的資料，找出了四大主題角色：躲避雷達、等級排名、熟練精通、社交遊戲。這些洞見切實地影響了樂高公司的轉型。

獨立諮詢師湯瑪斯・韋德爾 - 韋德斯伯格（Thomas Wedell-Wedellsborg）研究了 17 個國家的 91 家公私立企業裡 106 位高階主管後發現，85% 的人認為自己公司處理問題的能力不足，他們進而指出，最頭疼的不是解決問題，而是找出問題在哪裡。

在學術界，切換思路找到真正的問題也很重要。

麻省理工學院集體智慧中心（MIT center of collective intelligence）從研究「我們怎樣可以讓團隊更聰明」，轉換到研究「我們怎樣可以讓團隊人員實現最佳搭配」。他們正著手開發一個測試團隊智慧的工具，這個工具不僅可以用來做評估，更重要的是還可以讓公司知道面對某個任務時，哪些結合更有效。

在心理學領域，美國心理學家馬丁・塞利格曼（Martin E.P. Seligman）從研究「我們怎樣讓精神病人痊癒」，轉換到研究「我們怎樣用科學的方法測量幸福、實現幸福」，他開始了積極心理學運動。

那麼，使用這個方法有什麼注意事項呢？

　　第一，如果你想重塑團隊文化基因，營造提問的氛圍，激發創新的思考和探索的勇氣，這個方法尤其值得嘗試。

　　第二，問題設置可以非常規，比如：在需要提高維修服務品質的背景下，提出的問題可以是「我們怎樣可以製造出不需要維修的產品」，或「我們怎樣可以讓用戶自己學會維修」。

　　第三，把可用性資料換成典型資料，才能問出好問題。比如討論「如何提高出勤率」，不如研究「如何提高員工的幸福感」。出勤率是可用性資料，而幸福感是典型資料。

　　第四，把已有的結論拿掉，才能問出好問題。比如，「怎樣將在老鼠身上試驗成功的新藥更快地改造，使其能用在人體上」，這裡埋藏了一個結論：老鼠和人類之間有不可更改的巨大差異，用在老鼠身上成功，用在人類身上不一定。把這個結論扔掉，也許我們會這樣問：「怎樣讓接受新藥測試的老鼠在基因上更接近人類？」

　　總結一下，上下階梯法，讓大家獲得對議題的發言權；how might we 提問法，讓大家獲得對舊議題嶄新的思考角度。這兩個方法為大家注入了參與會議的動力。沒有動力，你哪怕強行指定大家發言，或苦口婆心懇求大家踴躍發言，都是徒勞。

　　最後，我想提醒一句，只在必要的時候開會，當大家意識到你決不浪費大家的時間，你只在必要的時候才開會時，他們在態度上也會更重視。以下是三種必要的時刻：

　　第一類，這件事情是沒有人知道答案的，比如本公司下半年採取什麼樣的銷售策略。這個話題有很大的不確定性，無法用線性思維來找答案，需要大家一起來思考。相反，簡單的、可預測的、重複的任務直接用自動化和標準化的方式就解決了，不需要開會。

　　第二類，不見得有多難，但是層面多、很繁瑣的問題，比如辦公室搬遷的流程。這種問題需要將大家聚在一起，構建一個高度的共用情報系統。集合智慧在「高資訊濃度、高頻率互動」中產生。相反，簡單的問題大家在走廊裡碰個面就解決了。

　　第三類，眾口難調，又要靠意願才能執行下去的問題，比如怎樣團建。

　　除了以上三種情況，其他情況一概不開會。有的公司甚至留出「零會議日」，幫助大家專注工作、深度思考。有一位外企的人力資源經理告訴我，他們每天都要進行跨時區會議，中美同事不得不犧牲睡眠時間、鍛煉身體的時間、和家人共處的時間來開會，大家整天不堪重負。後來他們制定了新政策，允許每人每週可以有一天不參加會議，大家的工作效率反而提高了。

他急著晚上「吃雞」，
無心加班

> 一流公司拼的不是人才數量，而是用人方法。
>
> ——邁克．曼金斯 (Michael C. Mankins)
> 貝恩咨詢公司舊金山辦事處合夥人

「老闆經常週五臨下班時一聲令下，週末全員都加班，工作三年，加班讓我有了五年的工作經驗。」一家互聯網公司的年輕人邊苦笑邊搖頭，他正在準備跳槽的簡歷。

「這年頭生產製造業的企業沒有不加班的，只有羅伯特．博世（有限公司）是異類了，這也是我最滿意公司的一點。」博世的這位年輕人一邊向我展示本企業最佳雇主獎牌，一邊自豪地說。

在中國經濟高速發展時期，我們曾在「80 後」身上獲取巨額的勞動力紅利，他們一雙雙辛勞的手參與創造了經濟繁榮的奇跡。如今這個時代已經過去，「90 後」比「80 後」少 5400 萬人，「00 後」比「90 後」又少 2800 萬人，「00 後」的人數是「80 後」

人數的六成。人口紅利帶來生產力紅利的時代已經過去。

隨著勞動力大軍的人口結構改變，面對「90 後」，我們需要的不是那「一雙手」，而是那個高速運轉的「大腦」。「大腦」會比「雙手」產生更多的紅利，所以，我們必然會走上西方企業重視員工生活和工作平衡的道路。

迷思：只要給了加班費，加班便是合理的；只要他坐在辦公室裡，他就一定有產出。

在這個迷思裡隱藏的假定是：給員工 1.5 倍的工資，他會有 1.5 倍的產出。提高員工的工作效率可不是一場數字遊戲，大家都坐在辦公室，你根本判斷不出來誰在不動聲色地偷懶，誰在賣力。現在大家的公事和私事，都是交錯進行的，因為在手機上工作就等於 24 小時待命，沒辦法區分工作時間和下班時間。很多人發現，週末、年假的休息權，只是空談。工作方式已經實現高度移動化。「不管有沒有出現在辦公室，我已經陷入瘋狂工作的模式。」「我太累了，已經達不到我的最好狀態了。」

工作時長和生產力並不成正比。韓國的員工工作時間最長，但生產率最低，關鍵是工作的品質。

經濟合作與發展組織（OECD）在 2018 年計算出的各國年平均工作時間裡，發現員工工作時間最短的是德國、丹麥和挪威。德國人每週只工作 26 個小時，但仍創造出了強大的經濟價值。時間少，注意力高度集中，創造力更高，結果是效率更高。

當一個人充滿能量的時候，更容易想到高效輸出的聰明辦法。當一個人筋疲力盡的時候，更可能用笨方法。更可怕的是，人在筋疲力盡的時候，容易犯錯誤。和犯錯帶來的損失相比，用那些多出來的工作時間完成的工作量根本算不了什麼。推崇加班的公司表面看上去似乎賺到了，其實整個公司的隱性成本更高。

所以，人的才智是取之不盡、用之不竭的資源。要把這個資源有效開發出來，不是靠多出來的工作時間，管理者需要做的是讓他們享受到精神上的愉悅、組織氛圍的友善。在這樣的環境下，他自然會做出貢獻。就像彼得‧德魯克說的，利潤是做對了事情的結果，而不是追求的對象。

如果本團隊為了完成任務不得不加班，怎麼辦呢？

有時我們真的會碰上工作量太大，員工不加班根本完成不了的情況。這時，加班有技巧，給你幾條建議。

⊙ 讓員工對時間有全權掌控感

CD 諮詢集團（CD Consulting Group）的創始人、總裁康斯坦斯‧迪里克斯（Constance Drix）指出：「持續高壓、不給人任何掌控感的環境會導致職業疲勞。」所以，工作量大不直接導致職業疲勞，而沒有掌控感會導致一個人職業疲勞。這種疲勞帶來的糟糕的後果是，本是熱愛的工作，變成憎惡的負擔。

那麼，我們把掌控感還給他。

有些公司早已意識到網路讓員工全天候工作，即使員工在休假時也一樣，於是這些公司不但不強行要求員工加班，還開始推行無限制休假。勞動力管理解決方案商克羅諾思（Kronos）在2016 年推出這個新政策時，就開始追蹤數字，看大家是否休更多的假了。他們發現，員工的平均休假天數從 14 天，變成 16.6天。差別並不大。關鍵的是，公司收穫了令人振奮的小故事，是同事們實現夢想的故事。有人騎摩托車穿越 48 州，還能神奇地全程協助顧客；有人參加女兒的巡迴演出，同時完成了工作。實施這個制度的那一年，是員工表現最好的一年。首席執行官說：「我認為這並非巧合。快樂、認真投入工作的員工，會讓公司獲利更多。」他的結論是：「據我所知，沒有員工濫用這項政策，也沒有顧客因此而受損。」

另外一種讓員工擁有掌控感的方法是，讓他有安靜的、集中處理工作的時間。辦公室裡過多的合作常常給個人帶來力不從心的感覺，這也是前段時間流行的開放式空間屢遭詬病的原因。界定安靜時段與合作時段，這是哈佛商學院教授萊斯利·帕洛（Leslie Perlow）提出的解決方案。一家入圍《財富》500 強的軟體公司裡，工程師團隊決定將每週二、四、五上午 9 點到中午時段設為安靜時段，每個人獨立完成自己的工作，其他時段為互相幫助解決問題的合作時段。帕洛教授發現，在安靜時段，65%

的工程師超水準發揮。3 個月後，這個團隊按時推出了雷射印表機。

　　我的客戶阿斯利康也有類似做法。他們規定核心辦公時間為上午 10 點到下午 4 點，只有 6 個小時，其他時間員工自己安排。每週員工還可以選擇 1 天在家工作。

⊙ 上司的表率作用

　　你讓他們加班，是為了讓自己早些回家嗎？以身作則，是體現領導力的第一原則。

　　2016 年，72 歲的任正非深夜在機場排隊等計程車的照片傳遍微博。之前他在機場接駁車上面容憔悴的照片也被發了出來。沒有助理，沒有保鏢，沒有豪車。都說華為人工作艱苦，首先任正非自己就是一個信奉艱苦奮鬥的上司。

　　如果你是勤奮的、有風範的上司，根本不用擔心下屬會偷懶。根據「領導力影子」效應，你的習慣、價值觀、行為都會給周圍的人帶來巨大的影響。「影子」比「強迫」更有力。沒有哪位上司會說：「你們向我看齊。我怎麼說話，你們就怎麼說，我什麼穿著，你們就什麼穿著。」但你仔細觀察，會發現，同一個組織裡的人，會不由自主地模仿上司的說話方式和著裝風格。如果主管辦公室裡的燈很晚熄滅，你一定會發現辦公區裡有更晚熄滅的

燈。如果主管是隻「早鳥」，你也一定會發現，有比他更早到達辦公室的同事。

⊙ 不強制加班，但可以增加加班的吸引力

58 集團的做法是，從下午 6 點下班開始，公司便有通勤班車開往地鐵站，最晚到晚上 10 點。下午 6 點以後有加班餐，免費就餐，菜式極為豐富。9 點後下班可以報銷搭車費。工作日工作時長超過 10 小時發放一張能量卡，週六日工作時長滿 4 小時發放一張能量卡。注意，他們沒有規定一定要加班哦。

或者，你在宣佈要加班的糟糕消息時，別忘了宣佈可以調休的好消息。另外，你可以點一筆網紅美食外賣，或鼓勵親屬探班，他們沒準兒還會拍個照，以「敬業」的人設在朋友圈炫耀。大家一起 996，是兌現承諾和培育團隊精神的好機會。

⊙ 盡一切努力幫助員工實現工作和生活的平衡

健康的公司不會為了不辜負工作，讓員工犧牲自己的生活。而是回歸人性，讓員工擁有平衡的生活，成為一個身心健康、能量滿格的工作者。

深圳韶音科技有限公司把鍛煉身體作為年底績效評估的一個重要指標。這就是把「人」放在首位，而不是「利潤」。萬科

集團把管理層的獎金和員工的健康掛鉤，員工的體能或健康不及格，管理層要扣 1% 的獎金，如果健康狀況達標，會有獎勵。

有的公司專門用假期來獎勵員工，並且不提供其他選項。讓員工充分享受自由時光，提升他的生活幸福感。

還有的公司用的是急救聯盟法，安排幾個同事輪流，即時回應，互相關照。比如，有人要去突然要去接孩子，或者家裡有變故，他可以放心地離開崗位，因為有其他人會用最快的速度給出最敏捷的反應。

如果你能成功地幫助員工做到工作和生活的平衡，你就不僅僅是一位上司了，你和下屬之間建立了一種更有情感色彩的連接。

不要掉入忙碌陷阱。蒂姆・克萊德（Tim Kreider）指出，閒暇時間對大腦不可或缺，就像身體離不開維生素，一旦缺失休閒，人們會遭受精神折磨，罹患精神上的軟骨病。不期而遇的思路，靈光乍現的靈感迸發，是在大腦留白時。休閒不是罪。

當你發現團隊成員越來越忙時，記得張望一下，你們團隊有沒有懶螞蟻。每個團隊都需要懶螞蟻。團隊裡大部分螞蟻很勤勞，尋找、搬運食物爭先恐後，少數螞蟻卻東張西望不幹活。但當食物來源斷絕或蟻窩被破壞時，那些勤快的螞蟻一籌莫展，而懶螞蟻則挺身而出，帶領眾夥伴向它早已偵察到的新的食物源轉移，這就是所謂的「懶螞蟻效應」。「懶螞蟻效應」能產生非線

性的效益。

　　最後，用吉姆‧柯林斯的那句話：「如果你把對的人，也就是擁有創造良好績效所需的能力與工作倫理的人，放在車上，你就根本不需要花時間密切監督。他們一定會把工作做好，無論要花多長時間。」那些強制要求員工加班的公司，需要把關注的焦點從延長工作時間，轉移到「把對的人放在車上」。

第 4 節

他們的創造力
全用在了表情包上嗎

> 我相信，地球上不僅居住著動物、植物、細菌和病毒，還居住著「創意」。創意是一種不具實體且能量充沛的生命體。創意沒有實際的形體，但它擁有意識，也毫無疑問擁有意念。創意得以被表現的唯一途徑是透過與另一位人類夥伴的合作。只有透過人類的努力，創意才得以脫離九霄，進入現實空間。
>
> ──伊莉莎白・吉伯特（Elizabeth Gilbert）美國小說家

你發現團隊成員很努力，但就是沒創意。你期待一份獨創性的解決方案，能從新的角度來攻克難題，可他們交出來的是呆板的模式化的方案。你期待看到一篇新穎的行銷文案，能震撼到讀者，可他們寫出來的文案無任何獨特見解。你在會上徵集有意思的點子，但他們卻並不投入，思考的溪流常常當場枯竭。

你聽說過美國 IT 圈流行的程式設計馬拉松[1]（hackathon）嗎？他們居然可以聚集在一起 48 小時，用連續不斷的頭腦風暴，

1　程式設計馬拉松：hackathon 是一個合成詞，由程式設計（hack）和馬拉松（marathon）組成。

攻克一個問題。他們在這 48 小時裡，是怎樣讓靈感在房間裡碰撞起來的？

你的團隊裡既有新生力量，也有跨界人才，可他們身上的創意基因都跑哪裡去了？

這是在從「精英創造」轉為「共創智慧」的時代裡，管理者面臨的尷尬。企業遇到的問題越來越複雜，邊界也越來越模糊，公司到了需要利用群體智慧來解決難題的時候了。同時，去精英化和去權威化的社會思潮，都在催促管理者學會發揮群體智慧，讓每一個成員在團隊裡變得更聰明。

「90 後」是實現共創智慧的理想人群。資訊時代賦予他們越來越多種類的認知工具，他們沒有劃一的成長路徑，也沒有一致的認知管道。於是，「diversity」（多樣性）這個詞在描述「90 後」人群時被反覆提起。善於挖掘群體創意的公司，將最先享受到共創智慧這枚核彈的威力。就像《第五項修煉》這本書提到的：「追本溯源，每個組織都是其成員思考與互動的產物。」

怎樣提高群體的創造力，這是很具技術性的話題。借用史丹佛大學 StartX 創業孵化器創新領導總監奧利維婭・福克斯・卡巴恩（Olivia Fox Cabane）的比喻，創意就是突破性靈感，它像蝴蝶，美麗至極，飄忽不定。

不過不用擔心，我們可以織起一張合適的網，去捕捉它們。換句話說，你的任務是給集體思考一個框架。這個框架首先能將

內隱的一個個創意外顯化，然後讓它們在空中飄一會兒，碰撞一下，最後，去網住那些好創意，從而產出策略。

　　你先讓點子湧現，再從中選擇。我會借用創新顧問機構 LUMA 學院（LUMA Institute）的方法，教你怎樣讓點子湧現，以及怎樣選擇點子。千萬別把這兩個階段混在一起，否則它們都發揮不出應有的作用。如果你認為自己之前主持的討論太混亂、沒效果，究其根本，很可能就是把這兩個階段混在一起了。

　　所以，成功的討論有個原則：先發散，後收斂，嚴格分段。

　　其實，先發散再收斂這個方法你並不陌生。你聽這一段對話：

　　「戴老師，週一上午 10 點您可以和客戶進行電話會議嗎？」

　　「不好意思，我那天有課呢。」

　　「那週二下午 4 點呢？」

　　「呀，我得去接小孩。」

　　……

　　再聽這一段：

　　「戴老師，週一上午 9 點至 11 點或者週二下午 4 點至 6 點，您有時間進行電話會議嗎？」

　　「週二下午 5 點至 6 點吧。」

　　你看，凡是涉及討論，從發散到收斂，效率總是更高。

　　我們來看看怎樣發散。

　　我向你介紹創意矩陣法，為這個集體注入一個思考的結構，

提供創意的不同切入點，大家不僅靈感湧現，還能在這個結構中獲得掌控感。

假設，你安排《得到》公司的產品團隊來討論「我們怎樣可以生產出更多的以客戶為導向的優質課程」。首先，你可以在大白板上畫出一個矩陣，矩陣的上端是要解決的問題，把這個問題分層列出來。於是，你在矩陣的上端寫：能力學院、視野學院、科學學院、商學院。

矩陣的左側是各種有利條件，或各種資源，或解決問題的幾個階段，或幾大重要表現值等。如果你決定將幾個重要的表現值列入矩陣的左側，那麼你就可以寫上：「我是 ＿＿」，這是客戶的特徵；「我正在努力 ＿＿」，這是用戶追求的結果；「但是 ＿＿」，這是用戶面臨的問題；「因為 ＿＿」，這一欄引導出用戶更深層次的需求。

接著，邀請大家在這個矩陣的每個交叉項的空格中，貼上盡可能多的方案。

我經常用這個工具在跨文化溝通課上引導大家群策群力解決團隊裡的溝通問題。學員在矩陣的上端將團隊遇到的跨文化溝通挑戰分成了不同層面，比如：「在多元文化團隊裡建立信任」「防止自己產生文化偏見和被文化偏見」「讓在地和總部保持一致」等。矩陣的左側是解決這些挑戰的資源，也就是學員在課堂上學到的文化性格的四大面向：行為指南、溝通方式、時間觀念、自

我意識。

這個矩陣往往能讓學員很興奮，瞬間獲得大量的點子。

最後舉個例子，如果要討論「正在影響我們產品市場的因素」，矩陣上端怎樣設計呢？你可以將這個問題分成這幾個層面來陳述：新趨勢、不變的趨勢、大事件。左側則列出這個議題的表現值：人們的偏好、行業、標竿人物、政治環境。

接下來，咱們聊聊這個方法的注意事項。

第一，時間設為 10 ～ 15 分鐘，趕在大家懈怠之前完成這個矩陣。不要等待太久以期待得出完美答案，用結構和時間來駕馭混亂。

第二，矩陣的上端和左側最後一項，都可以寫上「其他」。跨界團隊最容易在「其他」上有突破性思考。

第三，要求每一個交叉格都要有紙條，越多越好。可以用不同顏色的便箋區分各組，進行比賽。這個階段追求的是各路點子的爆炸，邏輯暫時處於待命狀態。

第四，全程不說話，只是寫紙條和貼紙條。寂靜，讓人更聰明；寫，讓人更勇敢。

第五，大家同時進行，避免「生產堵塞」。否則某人有了突破性想法，但因為別人在說，他不得不等，終於輪到他時，話題已經轉移。

以上就是創意矩陣法，它能幫助我們在討論認知多面向的問

題時，幫助協同大量的智力勞動，生產出多個選項以供繼續探索。

接下來，我們看看怎樣收斂。

向你推薦決策矩陣法。決策矩陣法能將一大堆的點子，從舊結構整理到新結構中，從大結構圈定到小結構中，讓好點子一步步跳出來，便於我們做出最後的選擇。

具體做法是，你在白板上的最左側，畫縱軸表示「重要性」，由下往上，重要性逐漸增強；在白板的最下端，畫橫軸表示「困難度」，由左往右，困難度逐漸增強。

然後，你請大家將前一個階段裡爆發出來的各種點子，放在矩陣裡排列。先垂直移動，排列它們的重要性，然後水準移動，排列它們的困難度。

接下來，你在縱軸和橫軸所圍成的這個空間裡，畫出一個十字，於是，點子被分佈在了四個區域裡，也就是，被放置在這個新結構當中，這是一個與決策相關的結構。

左上角的區域：很重要，並且容易做的，這是緊急任務。

左下角的區域：不太重要，但也容易做的，這是低垂的果實，立刻把它摘下再說。

右上角的區域：很重要，同時也很有難度，這是長期戰略，愈是大公司愈會關注這個區域。右下角的區域：不重要，同時也很難做的，這是白費力氣的工作，直接放棄。

最後，聚焦到左上角緊急任務這個區域裡。如果緊急任務的數量多，大家投票決定，先辦哪個，後辦哪個；或者將這些緊急任務派發下去，當場決定好負責人。你看，這就完成了從大結構聚焦到小結構的動作。

創意矩陣法就這樣實現了集體討論：從發散到收斂，從複雜到簡單；從舊框架到新框架，從大框架到小框架。

使用這個方法有幾個注意事項：

第一，困難度不僅僅指成本，還包括經驗、設備、人才儲備、權力範圍、可控制性等。

第二，在比較中排序。

第三，記得先排重要性，再排困難度。這樣大家更有創意，還有可能會在排列中進一步優化這些點子。點子之間可以融合，還可以衍生新的點子。所以，這個過程不是評判，而是再次挖掘集體智慧。

第四，派發緊急任務時，要規定時間框架，設置關鍵轉向週期，也就是說，如果這個點子不成功，咱們要馬上換方向。因為沒有完美的決策，哪怕是一份諮詢公司出具的、看上去無懈可擊的、標準的商業企劃案，也是建立在流沙上的，只需稍微改動一下某個假設或小資料，這個「大教堂」可能就轟然倒塌。更何況我們短時間討論出來的結論更是如此。每一個結論都需要實踐檢驗，需要更新。緊湊的時間能讓大家集中火力，而不是猶豫不決。

你看出來了嗎？平靜的、秩序井然的討論往往不是有效討論。借用國際資深諮詢師馬文・維斯伯德（Marvin Weisbord）的比喻，一次成功的討論，就像坐過山車的體驗。首先，大家願意坐上車開始這次探險，然後跌入混亂的深淵，大家學會接受混亂，在處理混亂、激發創意的過程中，釋放出每個人的才幹；過山車慢慢上升，升到希望的最高峰，此時，人們看著極有吸引力的藍圖很興奮，充滿幹勁；然後，大家討論在現實世界中應做的選擇，承擔起付諸行動的責任。

留出足夠的時間來嘗試用集體大腦思考吧。用正確的討論框架點燃群體智慧，創造力的河流將永不乾涸。

第 5 節

我要成為
一個會自我嘲諷的上司嗎

> 這些實現跨越的公司的領袖,從來不想成為不食人間煙火的英雄。他們從來不希望被當作十全十美的人,或不可接近的偶像。他們是看似平凡卻默默創造著不平凡業績的人。
>
> ——吉姆・科林斯 (Jim Collins)

你注意到現在的追星文化了嗎?

老一代追星,買專輯、看演唱會,是一場熱血沸騰、心潮澎湃的暗戀。明星就是圖騰。

現在的追星,是「老母親養兒子」。他們為「兒子」買周邊產品、租廣告位做宣傳、投票、做慈善、做公益等。帶貨明星和粉絲的互動語言是:「來了就是一家人」「一家人就是要整整齊齊」,這是多麼毫無保留的分享。

追星,要的不是一個完美的偶像,而是一個和自己一樣不完美的明星,他們一起成長,成長中有陪伴,一起走向完美。

在職場上,「90 後」要的也不是一個完美的公司,國際知名

企業也不一定能吸引到一流人才。他們要的是一個有他參與、共同成長的公司。公司的品牌溢價越來越低，而領導者的個人魅力越來越重要。就像如今的網紅帶貨，鐵粉不是看品牌，而是看個人影響力。

什麼是有魅力的領導？隨著職場權力距離的不斷縮短，「90後」觀察上司的視角已經從仰視變成平視，領導魅力的標準在起變化。

「90後」不喜歡高高在上，他們喜歡自我嘲諷。怎樣切換到他們的頻道上，學會他們的語言呢？我給你幾條建議。

⊙ 用民主化的扁平管道傳遞資訊和知識

「90後」迷戀於「存在感」。旅行中、生活中、工作中，大家習慣分享那些被上傳到朋友圈的重要時刻，彼此獲得滿滿的存在感。存在感帶來掌控感、成就感、安全感。

唐納・川普的推特治國，非常真實、直接，繞過了媒體的過濾。推特有140字的限制，所以他每次的推特資訊，短且頻率高，全國人民輕鬆獲得存在感。

有的公司在每週五下午，透過直播管理層會議，和員工分享業務成果、運營挑戰、戰略規劃方面的資訊；騰訊公司有和高階主管的午餐直播；華為有新生社區，新人在上面留言，任正非有

時還親自回覆。扁平的管道，讓資訊流在往下的傳遞過程中，不會被扭曲。

有家公司的人力資源經理告訴我：「公司年初定了戰略，我們要實現 ABC，年中改為 BCD，為什麼不做 A 了，為什麼改做 D，公司沒有解釋，或者公司解釋了，只是我不知道。更糟的是，大多數員工連什麼是 ABC 或 BCD 都不知道。」其實公司高層掌握的資訊（除了機密的財務或法務資訊）能幫助員工為自己的工作任務做有效的排序。

當員工「聽說」公司要重組架構，辦公室裡充滿焦慮。當他們「聽說」總裁要離職，感到很迷茫。沒有足夠的資訊，員工對公司的信任度會下降。

同樣的，資訊在一層層往上傳遞的過程中，被篩選過濾，由中間管事的人來決定哪些資訊領導者應該瞭解，這會造成重要資訊的丟失。我們要建立能穿透層級的扁平化平台，讓管理層直接收到來自前線的資訊，讓高層知道下面在發生著什麼。

有一位管理者有些懊惱地說：「我後來才知道，原來辦公室裝修的空氣品質問題，已經導致員工請假，甚至離職。而我的直接下屬將這個資訊彙報給我，是一個月以後的事了。」

民主的上司受歡迎。民主不僅體現在資訊獲取的民主化，還體現在知識共用的民主化。

不是明星員工獨放異彩，而是大家互相學習；知識不再被據

為己有，而是慷慨共用。比如平安大學的《知鳥》，沙多瑪的《快課》，所有員工都可以上傳自己的課程。平台有手機端、電腦端兩個，手機端能便捷地支援圖文、音訊、視頻。

公司花大成本打造的這個學習平台，實質上是一個共用經驗資料庫。知識產生在前線。不同問題，不同視角，會產生不同的解決方案。公司期待一線員工、新人、智慧專家能做出和企業戰略一致的大大小小的決策。當員工持續獲得全面的動態變化的資料後，他們更容易判斷出，某些結果和因素之間是具備相關性，還是具備因果性。

打造一個這樣的學習型組織，比送某位高階主管去讀工商管理研究生要有效得多。企業，從一個壓榨員工價值的利益集團，變成企業和員工共同進化發展的生命體。

⊙ 回饋節奏快，語言極度精練

直播、彈幕、網遊時代，一切互動的特質都是「快、快、快」。

員工可能沒有能力判斷公司在行業裡短期或長期的競爭力，但他們能根據這個系統的運作效率，獲得直觀體驗，判斷這家公司是作為還是不作為。資訊流通速度越快，運作的效率越高，員工越有信心。

這是一個新趨勢：人力分析團隊已經不僅僅在採集員工個人

相關資料，還在採集人和人之間的互動資料。社交網路中的關係分析學成為一門新學科，並為管理學所使用。

　　研究人員透過對美國一家大型合同研發公司的 1500 多個專案團隊進行分析比較後發現，有兩個社交變數和更高的績效相關，一個是內部密度（Internal density），團隊內大家連接緊密，就會有化學反應；另一個是外部連絡人的範圍（External range），這個範圍說明了從外界獲取情報的能力。他們發現，內部密度高、外部連絡人範圍廣的團隊，其工作效率遠高於其他團隊。

　　快節奏地互動、即時地回應和鼓勵，能讓員工的多巴胺不斷分泌，進而產生上癮的錯覺。這是一種類似吸煙、喝酒、賭博上癮的機制。

　　要做這種快節奏的互動，對於溝通語言的要求很高——極度精練。精練，指的是精確加簡短。

　　首先是精確。

　　你給他交辦任務，說：「明天會來重要客人，你去準備午餐，豐盛一點。」他可能轉身就去執行任務了，他沒有足夠的時間去「悟」你話語的內在含義。經常，活兒就幹砸了。

　　那麼，你在交辦任務的時候，要把描述性語言切換成資訊化語言。剛剛那段話你可以這樣說：「明天會來兩位合作了十年的老客戶，你去準備午餐吧，人均餐費標準 300 元至 500 元人民

幣。」

你問：「你對這份工作滿意嗎？」

不如問：「如果從 1 到 10 打分，能力和職位完全匹配是 10 分，你覺得可以給這份工作打多少分？」

如果他打了 7 分，你接著問：「我們可以怎樣做來提升你的職業體驗呢？」

不如問：「在未來的一個月、三個月、半年裡，你最需要規劃、支援、回饋的是哪些方面呢？」

這就是足夠精確。另外，語言盡可能簡短。工具的變更，讓人們傳遞資訊、接收資訊、處理資訊的方式越來越簡短。

尼采從手寫改用打字機創作後，文風變得簡潔、緊湊。根據德國媒體研究者弗理德里希‧基特勒（Friedrich A. Kittler）的觀察：「論據變成了警句，思想變成了雙關語，華麗的修辭變成了電文體。」隨著互聯網這個工具的誕生，人們的閱讀習慣從一句話一句話地讀，變成了一段一段地看，現在乾脆成了一螢幕一螢幕地掃。在口頭溝通中，年輕人的思維活躍，他思考的速度遠遠快過你說話的速度，所以你需要做到：用最少的字，表達出最多的意思來。

⊙ 求你了，可以好玩一點嗎？

團隊裡通行的語言要獨特有趣，才能被年輕人津津樂道。不要用過去陳舊的話語體系了，為相同的事物換一種方式，換一種說辭，一種更為生動的說辭。這樣才會有回音。

舊的說法是「講文明，懂禮貌」，到了騰訊，變成了「瑞雪文化」。瑞雪，潔白無污點。不在餐廳裡占座位，不打擾午休的同事，尖峰時段不在電梯裡逆行。

舊的說法是「換職務」或「內部應聘」，到了騰訊，變成了「活水計畫」。取自朱熹的名句「問渠那得清如許，為有源頭活水來」。

西貝蓧面村的一位店長張沖，遇到調皮叛逆的年輕店員總是不堅守崗位時，會掏出對講機：「許文濤，許文濤，你在哪兒？下面插播一條通緝令，全場通緝許文濤，懸賞 500 萬元。」

在張沖眼裡，許文濤這樣的年輕小夥兒看似吊兒郎當，其實很講義氣。他用風趣的語言給足他面子。四個月後，許文濤不僅成為西貝蓧面村公益西橋店的 VIP 會員發展冠軍，還獲得了晉升。

「請客吃飯」這樣的字眼被任正非換成「點兵、佈陣、喝咖啡」。咖啡，變成了吸取宇宙能量的激勵利器，既有檔次，又有力量。

⊙ 呆萌傻，加上一點點正能量，剛剛好

硬漢型的上司已經過時了，因為不夠真實。真實的人，既有面對大眾時的陽光笑容，也有轉身離去時那孤獨的背影。

他們見過你的背影嗎？他們知道你的脆弱故事嗎？其實，無論機構多麼扁平，等級始終存在。根據倫敦商學院教授約翰‧亨特（John Hunt）的觀察：「兩人相遇，便會立即顯現等級差別。」你需要努力弱化這種橫亙在大家心中的隱形的等級。

你敢和下屬玩真心話大冒險嗎？如果你怕和平時的形象反差太大，不如找個夏夜，聚在海邊，點起營火，放上音樂，和下屬一起來玩這個遊戲。

你和實習生一起去大排檔吃夜宵，汗流浹背地吃串燒、喝啤酒，分享彼此的生活嗎？

你敢用他們喜歡的方式做團建嗎？由他們自己組成火鍋族、狼人殺幫、美妝種草團、王者榮耀派，作為主管，後面三個你看不懂，你總可以掃碼入第一個群吧。

你們能否彼此以綽號、花名相稱？如果你怕員工有壓力，用英文名相稱也有同樣的效果。

美國知名管理學家吉姆‧柯林斯在長期研究考察 1435 家企業後發現，能將企業從優秀引向卓越的，都是第五級領導者，他們的身上融合了真誠的謙遜個性和強烈的專業意志力。

　　謙虛的主管非常擅長營造開誠佈公的氛圍。比如：把長條形會議桌換成圓形桌，因為在長條形的會議桌上，大家很容易按級別入座；

　　當有下屬在私下裡提建議時，主管會說：「明天我們就開會了，你在會上提吧」；

　　少做演講式的宣講，以更多的即興交流代替。

　　每次會議給提問環節留足時間，仔細詢問員工的看法，認真作答，你就是值得信賴的領導者，如果你表現得很戒備，員工會更戒備。

　　如果大家沒有提問的習慣，你可以試著學習這樣幾個例子：

　　開會時上司故意不到場，大家就都敢說真話了，然後將意見匯總給上司；

　　上司不在時，員工就會說自己真實的想法；

　　只要下屬用事實說話，任何人都可以和上司 PK；

　　開會時經常讓大家站在白板邊，或牆邊，對著白板或牆面討論，而不是對著人；這種站位暗示，大家反對的是觀點，不是人。

　　你肯定會擔心，這樣平民化的上司能鎮得住下屬嗎？

　　真正的權威不是來自更高的頭銜，或中心的位置，而是來自你的能力。你是否有過那些在能力上可以鎮得住他的時刻？比如，在公眾場合說話極具影響力，比如，跨部門調用資源，別人要不到的東西，你總能要到。

　　有位中國管理者手下是一群美國員工，他們年輕帥氣，超級自信，英文也說得比中國管理者溜。那這位中國管理者是怎樣鎮住下屬的呢？他說，他總能搞得定 VIP 大客戶，那群「90 後」美國小孩兒極其佩服他。

　　這就是管理者吸引和籠絡「90 後」的方法：融入他們，弱化身份，增強能力。真實一點點，生動一點點。

結語
POSTSCRIPT

> 這些力量並非命運，而是軌跡。它們提供的並不
> 是我們將去往何方的預測。只是告訴我們，在不遠的
> 將來，我們會向哪些方向前行。
>
> ——凱文・凱利 (Kevin Kelly)

當我們談論管理時，常常會提到業績指標、盈利數字等，這些不帶情感色彩的詞如果重複次數太多，就會讓人不寒而慄。

我見過的優秀管理者，動用最多的不是理性智慧，而是感性智慧。他們將自己從事的管理工作更多地看作一種情緒勞動。美國社會學家阿莉・拉塞爾・霍克希爾（Arlie Russell Hochschild）把「情緒勞動」定義為「管理自己的情感以創造一種公正可見的臉部和肢體的表現」。

借用戲劇理論的說法，一切人類活動都是特定角色下的表演，而戲劇界兩種基本的表演方式是歐式法和美式

法。套用在「管理者」這個角色身上引發的「情緒勞動」這種表演，也分為歐式法和美式法。

歐式法，要求你由表及裡，調節行為表達，關愛下屬，直到內心產生真實的關愛；

美式法，要求你由裡及表，在內心深處先認同年輕人，產生真實的關愛，從而指導行為。

不管是哪種理論，關鍵字都是 —— 愛。代溝靠愛填平，生活和職場都如此。

不用肌肉力量，而是用愛的力量。究其根本，給他們「愛」，不是愛他們的某一個方面，而是把他們作為一個整體去愛，愛他們現在的樣子。有了愛，當你下達任務、提出訴求時，你自然會站在他的角度：他需要以一個什麼樣的身份來切入到這項工作中，他是否擁有一個有「大腦」的「成年人」應有的自治權，你給他的支持是否讓他擁有必勝的信念？

面對不按套路出牌的年輕人，如果你實在不知道如何管理，那就乾脆拋開所有管理套路，用你懂的「愛」，去

驅動他、成就他。

這是一種有智慧的愛。「愛養萬物而不為主」，培養年輕人也是一樣，不主宰他，而是激勵他。

「用愛激勵四部曲」——身份、權力、舞臺、支持。

首先，給他一個體面的「身份」；然後，為這個身份配上振奮人心的「權力」，接著，搭建一個讓他發光的「舞臺」；同時，讓他一回頭就能感受到你的「支持」。

每一個成功的人才培養案例，都是用這四部曲奏響的。

管理學中的愛，既是愛他人，也是愛自己。聰明的管理者懂得「治人不治，反其智」，管理別人卻管理不好，那就要反過來檢討自己是否夠明智。於是他們在追求智慧中不斷精進，如此也成就了自己。

學習管理，就是學習愛。

正如埃森哲（Accenture）大中華區總裁余進的感慨：「不要糾結於這個事他只給我完成了 80%，是不是還能再多做點。反過來，管理者要對員工的職業和個人成長，發

自內心地付出 120% 的關注和關愛，才能不斷吸引、培養和留住人才。」

誠然，「90 後」的差別很大，有踏實幹練的，也有浮躁任性的。但是，差別更大的是帶他們的那些管理者。有的管理者善於把發動機裝在年輕人身上；有的管理者拿著發動機驅趕年輕人；更糟糕的是，有的管理者把年輕人身上本來有的那個發動機都給卸下來了。

優秀的管理者，永遠在挖掘和使用年輕人的才能，而不是總在批評和淘汰年輕人。美國前國防部長唐納德‧亨利‧拉姆斯菲爾德（Donald Henry Rumsfeld）曾說：「你要帶著你現有的軍隊，而不是你想有的或者你以後希望有的軍隊參加戰爭。」

我們目前擁有的軍隊，就是最好的軍隊。因為他們成長於這個不確定的時代，他們最能適應這個不確定的時代。當我們改變了看待「90 後」的方式，我們所面對的「90後」也就改變了。

「90 後」最能適應這個不確定的時代，表現在以下

三方面。

「90 後」擅長透過碰撞產生智慧

在這個時代，我們面對模糊的、意外的、複雜的問題，因果關係的深入推理和線性的思考常常不起作用。這個時代要求我們能迅速獲得、實踐、碰撞、反覆運算。誰擅長？「90 後」。

20 世紀 90 年代末，是互聯網發展最為迅猛的時代，「90 後」接觸網絡、使用網路、認可網路。他們對於互聯網的知識和直覺，遠遠勝過「70 後」「80 後」。比如，他們善於利用社交媒體來做網路動員，發動人群做調研、做測試，整個世界就是他們的客廳，虛擬空間就像是他們的真實世界。

他們能在資訊爆炸的時代迅速摘取、提煉資訊，過濾選項。他們習慣了在網路媒體上保持活躍性和即時性，他們無時無刻地在建模——吸納海量即時的資訊，以指導當下的行為。他們習慣一邊看直播，一邊評論互動。他們習慣在買東西前，先在網上和老用戶互動求證。他們喜歡透

過碰撞產生智慧。

這是一種扁平化的智慧，精明而實用。當我們遇到之前沒有出現過的問題時，經驗不起作用了，「90後」可能會帶著我們找到答案。

凱文·凱利指出：「書籍曾擅長培養出深思的頭腦，螢幕則鼓勵更加功利性的思考。人們提出新理念，發現不為自己熟悉的事實之後，屏讀會激起人們的反應，敦促他們去做些什麼：人們可以研究術語；可以徵詢「網友」的意見；可以查詢其他觀點；可以創建書簽；可以與事物互動，或是發相關微博，而不只是坐在那裡深思。」

「90後」樂觀且健康

首先，我們擁有全世界最樂觀的年輕人。德勤會計師事務所曾調查過 10000 名千禧一代（1982-1995 年間出生的人）和 2000 名 Z 世代（20 世紀 90 年代中葉至 2000 年後出生的新新人類），中國和印度 70% 的年輕人認為，自己的幸福度比父輩的幸福度更高；但澳大利亞、英國、美國、加拿大的年輕人普遍持相反態度。

原因很簡單，中國和印度在這 20 年裡經濟猛速發展。而歐美遭遇了大蕭條以來最嚴重的經濟衰退，之後有所復甦，但步伐沉重而緩慢。

　　樂觀的特質使得中國的「90 後」更擅長時間透視，比如，他們更願意投資未來。在自我增值這件事上，他們很捨得花錢。過去一年來，「90 後」用花唄購買教育類產品和服務的金額上漲了 87%。

　　其次，他們很健康，比如消費和儲蓄習慣。都說「90後」喜歡提前消費，但是據 2019 年 7 月 29 日中國新經濟研究院聯合支付寶發佈的首份《「90 後」攢錢報告》顯示，92% 的「90 後」每個月都會有結餘，80% 的「90 後」會將結餘進行理財；對比他們的餘額寶和花唄則發現，「90後」每月在餘額寶攢的錢，平均是其花唄帳單的 4.5 倍。此外，「90 後」初次理財時間比父母早了 10 年。隨著這個時代中不確定因素的頻繁出現，年輕人在支出和儲蓄方面反而比父母更加務實。

　　他們的健康還體現在工作和生活的平衡中。「90 後」

要的，都是我們年輕時想要的。只不過他們一直不懈地、大膽地、執著地要。

他們在工作中或者在閒暇中，孜孜不倦地實踐著自己的夢想，有的在做脫口秀，有的在做愛彼迎，有的潛海去撈垃圾。別的不說，現在的年輕人就比我們當年更重視鍛煉。

「70 後」「80 後」的人生哲學是，先好好工作，再好好活著；他們的興趣愛好大多是閱讀、旅行。而「90 後」呢，先好好活著，才能好好工作；他們的興趣愛好可以擴大到電競、鬼畜、二次元、手辦。他們可不會將就著過這一生。

「90 後」是天生的領導者

根據沃倫・本尼斯的理論，偉大的團隊多數由年輕人組成，創造性的集體合作對中年人的吸引力較弱。所以迪士尼動畫目前正在流失一些優秀的、有經驗的中年動畫家。

「90 後」信奉的平等主義，其實就是「賢者居高位

＋強者邏輯」。等級和年齡不重要，過去行之有效的方法也不重要，真正做出成績最重要。

他們不服從權威，甚至倒置了話語權，反過來在影響著權威。比如他們喜歡的冷萃咖啡、酪梨吐司、瘦身晚餐、喵星人，掀起了一輪又一輪新的商機。他們重體驗、重性價比，不盲目追大牌，從而捧紅了若干小眾品牌和小眾明星。

可見，如今影響已經不是從老一代傳播到新一代了，而是反過來，新一代在影響老一代。「90 後」是時代的產物，他們在推動時代向前走。

作為管理者，沿著舊地圖，一定找不到新大陸。進入新紀元，把過去的管理方法直接複製到新生代上，是極度危險的。正如凱文·凱利指出的，在未來，我們所有人都會一次又一次地成為全力避免掉隊的菜鳥。因為淘汰的迴圈正在加速，所有人都有一個永久的身份：菜鳥。這和你的年齡、經驗、智慧，都沒有關係。和年輕人的相處之道是一系列無盡地升級，管理方法反覆運算的速率正在加

倍。

　「反覆運算」這個詞可能會讓你望而生畏。其實，你不需要暴風驟雨，而是從今天開始，從微設計、微調整開始。因為從最微小處開始一項大工程是最容易的。想想看，今天可以做哪些很重要的小事情，比如和他好好聊聊，或者縮短審批流程中的某個環節，或者給他一個鼓勵的眼神。

　不要覺得一代不如一代，其實一代更比一代強，這是被「弗林效應」（The Flynn Effect）佐證過的。1983 年紐西蘭奧塔哥大學榮譽教授詹姆斯・弗林（James R. Flynn）聲稱，他發現了一個重要的趨勢：在過去半個世紀中所有發達國家年輕人的 IQ 指數都出現了持續增長，於是人們把智商測試的結果逐年向好的現象稱作弗林效應。

　所以，「90 後」是這個時代給我們的最好的禮物。閃開，讓「90 後」來拯救世界。

國家圖書館出版品預行編目（CIP）資料

不懂年輕人，你怎麼帶團隊 / 戴愫著 . -- 初版 . -- 臺北市：墨刻出版股份有限公司出版：英屬蓋曼群島商家庭傳媒股份有限公司城邦分公司發行, 2021.10

面； 公分

ISBN 978-986-289-648-8(平裝)

1. 企業領導 2. 組織管理

494.2 110015800

不懂年輕人，你怎麼帶團隊

作　　　　者	戴愫
責 任 編 輯	周詩嫻
圖 書 設 計	袁宜如

社　　　　長	饒素芬
事業群總經理	李淑霞
發 行 人	何飛鵬
出 版 公 司	墨刻出版股份有限公司
地　　　　址	115 台北市南港區昆陽街 16 號 7 樓
電　　　　話	886-2-25007008
傳　　　　真	886-2-25007796
E M A I L	service@sportsplanetmag.com
網　　　　址	www.sportsplanetmag.com

發　　　　行	英屬蓋曼群島商家庭傳媒股份有限公司城邦分公司
	地址：115 台北市南港區昆陽街 16 號 5 樓
	讀者服務電話：0800-020-299
	讀者服務傳真：02-2517-0999
	讀者服務信箱：csc@cite.com.tw
	劃撥帳號：19833516
	戶名：英屬蓋曼群島商家庭傳媒股份有限公司城邦分公司

香 港 發 行	城邦（香港）出版集團有限公司
	地址：香港九龍土瓜灣土瓜灣道 86 號順聯工業大廈 6 樓 A 室
	電話：852-2508-6231
	傳真：852-2578-9337

馬 新 發 行	城邦（馬新）出版集團有限公司
	地址：41,Jalan Radin Anum, Bandar Baru Sri Petaling, 57000 Kuala Lumpur, Malaysia
	電話：603-90578822
	傳真：603-90576622

經 銷 商	聯合發行股份有限公司（電話：886-2-29178022）、金世盟實業股份有限公司
製 版	漾格科技股份有限公司
印 刷	漾格科技股份有限公司
城 邦 書 號	LSP013

ISBN 978-986-289-648-8（平裝）
ISBN 9789862896495 （EPUB）
定價 NTD 380 元
2021 年 10 月初版
2024 年 7 月初版二刷

本書由北京磨鐵文化集團股份有限公司授權出版，限在全世界（除大陸地區外）發行，非經書面同意，不得以任何形式任意複製、轉載，中文繁體字版 2021 年由墨刻出版股份有限公司出版。